EUROPEAN ESSAYS ON NATURE AND LANDSCAPE

Landschaften sind grenzübergreifend, der Blick auf Landschaften und die Kenntnis von ihnen schaffen Gemeinsamkeiten. Geschichte, Politik, Geologie, Wirtschaft, Biologie, Kunst und Literatur und viele Wissensbestände mehr werden in der Betrachtung der EUROPEAN ESSAYS ON NATURE AND LANDSCAPE zum Gegenstand. Die Beschäftigung mit Landschaften schärft den Blick auf die uns umgebende Natur und sie regt zum eigenen Naturerleben an. Wir sind auf unsere Landschaften in vielfältigem Sinn angewiesen, sie sind unsere Lebensgrundlage – vor allem die der kommenden Generationen. Warum Essays? Der Essay ist streng im Blick auf das Ergebnis, nicht aber in der Systematik. Im Mittelpunkt steht oft die persönliche Auseinandersetzung der Autorin oder des Autors mit dem jeweiligen Gegenstand. Alles ist erlaubt, wenn es die Lesenden dem Gegenstand näherbringt, ihn für sie erschließt. Der Essay ermöglicht einen an Perspektiven reichen Blick. In der hier vorgestellten Buchreihe den auf Landschaften und Naturphänomene in Europa.

RANDMEER

Vorne ein paar Meilen Postkartenidylle: Deich, Strand, Leuchtturm, Watt. Dahinter dann das Industriegebiet Nordsee. Wo, frage ich mich, bleibt da noch Platz für das Leben in der Nordsee selbst? Wie verändert der »Nutzungsdruck« die Welt der Schweinswale und Robben, der Fische und Vögel? Was ist mit dem Lebensraum Meer? Welche Landschaft haben wir erschaffen, im Meer? Olaf Kanter

EUROPEAN ESSAYS ON NATURE AND LANDSCAPE

OLAF KANTER

RAND MEER

KJM Buchverlag

Die EUROPEAN ESSAYS ON NATURE AND LANDSCAPE
werden von Klaas Jarchow herausgegeben.
Redaktion: Katrin Köhler, Johanna Rädecke und Lena Frings

2. Auflage März 2024

Simrockstr. 9a, 22587 Hamburg
www.europeanessays.eu
ISBN 978-3-96194-222-0
Vertrieb: KJM Buchverlag, Hamburg
www.kjm-buchverlag.de

Satz, Gestaltung: Svenja Wiese, Hamburg
Gestaltungskonzept: Eberhard Delius, Berlin
Gesetzt aus der Alisal und Scala Sans
gedruckt auf Munken Pure 120 g, Überzug f-color natur Hanf geprägt
Cover und Umschlaggestaltung: Rothfos & Gabler, Hamburg
unter Verwendung von shutterstock_1607752282
Lektorat: Katrin Köhler, Wien
Korrektorat: Astrid Schwarz und Andrea Wolf, beide Hamburg
Druck & Bindung: Belvédère, Oosterbeek, Niederlande
Printed in Europe

Druckprodukt mit finanziellem
Klimabeitrag
ClimatePartner.com/13775-2401-1001

MIX
Papier | Fördert gute Waldnutzung
FSC® C016391

Mehr über die European Essays
on Nature and Landscape:
www.europeanessays.eu

»Die Nordsee ist ein flaches Randmeer des Atlantischen Ozeans. Nördlich von Mitteleuropa liegt sie zwischen Norwegen im Nordosten, Dänemark im Osten sowie Deutschland, den Niederlanden und Belgien im Südosten und Großbritannien im Westen.«

Wasser- und Schifffahrtsverwaltung des Bundes

Die Grenzen der Nordsee sind definiert durch »... eine Linie im Südwesten, die den französischen Leuchtturm Phare de Walde mit dem englischen Leathercoat Point verbindet. ... eine Linie im Nordwesten, die Dunnet Head in Schottland über mehrere Punkte auf den Orkneyinseln mit Horse Holm am Südende von Shetland verbindet. ... eine Linie im Norden, die von der Nordspitze der Shetlands nach Norwegen führt: von Feathaland Point auf Mainland bis Muckle Flugga, und von dort auf dem Meridian 0° 53′ West hoch bis nach 61° Nord und ostwärts entlang dieses Breitengrads zur Küste von Norwegen ... eine Linie im Osten entlang der Westgrenze des Skagerrak, die vom dänischen Hanstholm bis zum norwegischen Lindesnes führt.«

Internationale Hydrographische Organisation

Stürmische Nordsee mit Bohrinsel

Die Nordsee erscheint in diesem Buch als Landschaft, was auf den ersten Blick widersinnig erscheinen mag: Wie kann ein Meer Landschaft sein? Forschende der Bathymetrie werden sagen: Natürlich, Landschaft, nur eben mit Wasser darüber. Worauf Linguisten und Etymologinnen erwidern würden: Aber nein, das ist nur die umgangssprachliche Verwendung des Begriffs, in Landschaft steckt doch das Schaffen. Es ist damit ein Raum gemeint, den menschliche Tätigkeit »geschaffen hat«, den der Mensch beherrscht. Da kommen wir dem Problem näher, dem ich mich widmen will. Auch die Nordsee ist ein Lebensraum, den der Mensch verändert.

Für mich ist die Nordsee zunächst eine Wildnis; ein Raum, in dem die Kräfte der Natur ungebremst walten, der nicht beherrschbar ist. Ungezähmt, unkultiviert, ursprünglich. So wie Thomas Mann es formuliert: »Das Meer ist keine Landschaft, es ist das Erlebnis der Ewigkeit, des Nichts und des Todes, ein metaphysischer Traum; und mit den luftverdünnten Regionen des ewigen Schnees steht es sehr ähnlich. Meer und Hochgebirge sind nicht ländlich, sie sind elementar im Sinne letzter und wüster, außermenschlicher Großartigkeit.«

Wenn Touristinnen und Touristen, die ans Meer reisen, gefragt werden, warum sie dies tun, dann antworten sie: weil das Meer den größtmöglichen Kontrast zum eigenen Alltag bietet. Weil an der See der Blick auf den Horizont nicht verstellt ist. Weil sie uns das Gefühl der Unendlichkeit gibt. Die Menschen stehen am Strand, barfuß, und spüren die Welt zwischen den Zehen, den groben Sand, das kühle Wasser. Unmittelbar erleben sie Natur. In den Ohren singt der Wind, es rauschen die Wellen, die Luft schmeckt nach Salz, und es riecht nach Tang.

Auch mir, dem Segler, geht es so. Ich stoße mein Boot im Hafen ab und begebe mich auf eine Reise in eine andere Welt. Es hat einen therapeutischen Effekt, das Land und den Alltag in diesem symbolischen Akt hinter mir zu lassen. Ein Schubs, und ich bin auf dem Wasser. Ein paar Meilen weiter, und ich habe nur noch die Wellen und den Horizont vor mir.

Doch ich muss einräumen, dass ich wie die Millionen Touristinnen und Touristen am Meer eine idealisierte Vorstellung habe von dieser schönen wilden Wasserwelt. Real bin ich mit meinem Boot nicht allein da draußen, nicht allein mit meinem Boot und dem Meer. Ein Blick auf meinen Plotter, der die Daten aus dem AIS, dem Automatischen Identifikationssystem der Schifffahrt, auf meiner elektronischen Seekarte abbildet, und ich sehe dichten Verkehr vor mir auf der Außenelbe. Ich muss aufpassen, dass ich nicht vor den Bug eines riesigen Containerfrachters gerate. Und wenn ich beim Kreuzen mit meinem Boot zu weit auf das Fahrwasser hinausfahre, kann es sein, dass mich die Leute von der Radarüberwachung über

Funk ermahnen, sofort wieder auf die richtige Seite der Tonnen zurückzukehren. Wildnis? Nein, geordnete Bahnen.

Ein Stück stromabwärts liegt an Steuerbord eine gigantische künstliche Insel im Watt: die Ölbohr- und Förderplattform »Mittelplate A«. In einer Tiefe von 2000 bis 3000 Metern unter dem Meeresspiegel liegt ein Ölvorkommen, geschätzte 100 Millionen Tonnen. Seit 1987 läuft die Förderung, über eine Pipeline durchs Wattenmeer strömt das Öl zum Festland.

Gelegentlich, wenn die Zeit reicht und das Wetter mitspielt, segele ich eine große Runde um Helgoland herum. Im Norden komme ich dabei nahe an einen Windpark heran, Meerwind heißt er, hier drehen sich 80 Rotoren über der Nordsee. Ein Seekabel verbindet die Offshore-Generatoren mit dem Umspannwerk in Büttel an der Unterelbe.

Die See hat längst Landanschluss. Wir nutzen sie, in vielfältiger Weise, wie andere Ressourcen auch. Die Küsten-Anrainerstaaten der Europäischen Union haben heutzutage eine Meeresraumplanung, um den hohen »Nutzungsdruck«, wie es in den offiziellen Verlautbarungen heißt, zu koordinieren. Welche Vorhaben genießen Priorität auf der Nordsee? Da braucht es Regeln. Die Schifffahrt verlangt freie Fahrt, die Energiegewinnung nach großen Flächen. Die Marine muss üben. Baggerschiffe brauchen Sand.

Und wo ist Urlauberinnen und Urlaubern noch ein Blick auf die ursprüngliche Nordsee erlaubt? Tourismus ist ebenfalls eine Industrie, die Milliarden erwirtschaftet. Sie funktioniert nicht ohne die Illusion, dass es ein Gegenbild zum durchstrukturierten Alltag gibt. Weshalb die deutschen Meeresraumplaner

Die Nordsee vor Wangerooge

versuchen, Windkraftanlagen hinter den Horizont zu stellen. Vorne ein paar Meilen Postkartenidylle: Deich, Strand, Leuchtturm, Watt. Dahinter dann das Industriegebiet Nordsee.

Wo, frage ich mich, bleibt noch Platz für das Leben in der Nordsee selbst? Wie verändert der »Nutzungsdruck« die Welt der Schweinswale und Robben, der Fische und Vögel? Was ist mit dem Lebensraum Meer? Welche Landschaft haben wir erschaffen, im Meer?

* * *

20 Uhr, Wachwechsel auf U17. Ich klettere hinter dem Zweiten Wachoffizier Frédéric Strauch und Sonarmaat Anja Kemsies die Leiter zum Turm des U-Boots hoch. Es ist eine stürmische Februarnacht, und aus dem Dunkel klatscht mir, wenn ich mich nicht schnell genug ducke, eisige Gischt ins Gesicht, die der Wind vom Bug nach hinten schmeißt.

Im Kielwasser liegt die Elbmündung, U17 nimmt Kurs auf die Nordsee. »Überwassermarsch«, notiert Oberbootsmann Ron Alexander im Logbuch, die ungemütlichste Gangart in einem U-Boot. Bei Druck von Steuerbord legt sich der runde Rumpf widerstandslos nach Backbord, so weit, wie es der tiefe Schwerpunkt erlaubt. Dann rollt er zurück in die Gegenrichtung, wie ein Stehaufmännchen.

Wer nicht Wache hat, verkeilt sich in der Koje; was nicht fest verzurrt ist, pendelt im Rhythmus der Wellen. Uniformjacken und Ölzeug, die Netze mit dem Proviant unter der Decke, alles schwingt und schwankt. Warum, frage ich, geht U17 nicht auf Tauchstation und verdrückt sich in Tiefen, wo ihm die Wellen nichts anhaben können?

Navigator Alexander zeigt es mir auf der Seekarte. Vor den Inseln Ostfrieslands liegt die Wassertiefe bei zwanzig Metern. »Das passt nicht«, sagt er. »Wir kommen unter den anderen Schiffen nicht durch. Das Meer ist hier zu flach.«

* * *

Seit Alfred Wegeners Entdeckungen wissen wir: Alles auf der Erde ist ständig in Bewegung. Kontinentalplatten schwimmen auf dem obersten Erdmantel und driften auf dem Planeten umher. Wo sie mit anderen Landmassen zusammenstoßen, falten sich die Gesteinsschichten zu mächtigen Gebirgen auf. Andernorts entstehen neue Ozeane: An Bruchstellen zwischen tektonischen Platten quillt Magma hoch und drückt die Erdkruste auseinander. So zerbrach vor rund 200 Millionen Jahren der Superkontinent Pangaea; aus dem Fragment im Süden, Gondwana, formten die geologischen Prozesse später Afrika und Südamerika, aus dem Nordkontinent Laurasia entstanden Amerika und Eurasien. Vor 150 Millionen Jahren, was nach geologischen Maßstäben noch gar nicht so lange her ist, öffnete sich der Atlantik. An seinem östlichen Rand bildete sich ein kleines Meeresbecken, das noch viele Mal seine Gestalt ändern sollte, die Nordsee.

Auf dem gesamten Planeten war es damals deutlich wärmer als heute, im Erdzeitalter des Eozäns, vor 50 Millionen Jahren, waren die Temperaturen im globalen Durchschnitt zehn Grad höher als heute. Die Polkappen waren eisfrei – und im Norden

Amerikas wuchsen die Mammutbäume 50 Meter hoch, wie Fossilien von Ellesmere Island bezeugen. Doch dann verschoben sich die Kontinentalplatten in einer Konstellation, dass große Meeresströme ihre Richtung änderten. Die Landbrücke zwischen der Antarktis und Südamerika riss ab – der Zirkumpolarstrom entstand. Der Südkontinent, vom globalen Wärmeaustausch abgeschnitten, vergletscherte. Auch im Norden sanken die Temperaturen. Nord- und Südamerika wuchsen zusammen, der Golfstrom schob warmes Wasser und feuchte Luft in Richtung Arktis. Vor allem aber sank, durch Prozesse, die noch nicht abschließend verstanden sind, der Anteil des Treibhausgases Kohlendioxid in der Atmosphäre.

Den Zusammenhang kennen wir aus unserer Zeit, nur umgekehrt: Weil wir so viel CO_2 in die Luft blasen, steigt die Temperatur auf dem Planeten. Damals sank sie. Und es begann eine neue Eiszeit.

Über Jahrtausende wuchsen die Gletscher im Norden, sie rückten nach Süden vor, zwischenzeitlich sogar bis zu den deutschen Mittelgebirgen, und hobelten und schmirgelten den Untergrund, auf dem sie sich vorwärtswälzten, mit enormem Druck in eine neue Form. Aus ihrer Bugwelle, Geschiebe aus Skandinavien, bildeten sich hügelige Landschaften, Schmelzströme deponierten massenweise Sand. Die Nordsee verwandelte sich, im Vor und Zurück der gigantischen Eismassen, immer wieder. Mal war sie Randmeer des Atlantiks, mal brackiges Binnenmeer, zeitweise gar trockene Tundra.

Vor 10 000 Jahren hätten wir zu Fuß nach England wandern können – zum Ende der letzten Eiszeit, als der Meeresspiegel 100 Meter tiefer lag als heute. Wo heute der Ärmelkanal Kontinent und Insel trennt, floss ein gewaltiger Strom, der von den Nebenflüssen Rhein, Maas, Themse und Seine gespeist wurde. Und nördlich davon, zwischen Dänemark und der englischen Ostküste, lag Doggerland.

Land oberhalb Seelevel 16 000–5500 v. Chr © Juschki / WikiCommons, CC-BY-SA 4.0

Wer von Sankt Peter-Ording oder Thyborøn oder Newcastle aufs Meer blickt, kann sich nicht vorstellen, dass es einmal nicht da war. Die Nordsee hat wie jeder Ozean eine Präsenz, die einen solchen Widerspruch nicht erlaubt.

Fischer von der englischen Ostküste konnten nichts damit anfangen, wenn sie in ihren Netzen Klumpen von Torf oder die Wurzeln von Bäumen fanden. Gelegentlich brachten die Fischer sogar Knochen und Schädel mit ihrem Hol ans Tageslicht. Aber sie ließen sich nicht von ihrem Tagesgeschäft ablenken, und meistens warfen sie die seltsamen Fundstücke gleich wieder über Bord. Der Paläobotaniker Clement Reid sammelte die obskuren Fundstücke, die es doch irgendwie an Land schafften, und untersuchte sie. Leider lieferten die Fischer selten genauere Angaben, wann und wo und aus welcher Tiefe sie etwas aus dem Wasser gezogen hatten, doch Reid gehörte zur der Sorte Menschen, die auch in Dingen, die auf den ersten Blick nicht zusammengehören, das größere Bild erkennen. 1913 veröffentlichte er einen schmalen Band mit dem Titel »Submerged Forests«. Seine These: In der Nordsee gab es vor nicht allzu langer Zeit eine Landmasse von bedeutenden Ausmaßen. England war zu dieser Zeit keine Insel, sondern bestenfalls eine Halbinsel. Wie so oft, wenn jemand über den Tellerrand schaut, waren diejenigen, die zufrieden sind mit der bewährten Kost und satt, voller Hohn über Reid und seine Theorie. Sein Buch geriet erst einmal in Vergessenheit.

Bis im September 1931 der Trawler »Colinda« vor der Küste von Norfolk sein Netz ausbrachte. Als die Crew ihren Fang aus den Maschen pulte, landete auch ein großes Stück Torf an Deck. Es war zu unhandlich, um es direkt wieder über Bord zu werfen. Der Kapitän, ein Mann namens Pilgrim Lockwood, brach den Klumpen auf und entdeckte die Spitze eines Speers oder einer Harpune, gut 20 Zentimeter lang, und es sah aus, als ob sie aus dem Geweih eines Hirschs gefertigt war. Lockwood brachte seinen Beifang an Land, wo sich Archäologen und Biologinnen daranmachten, den Spieß aus der Nordsee zu untersuchen. Wer hatte ihn angefertigt und wann? Die Forschenden kamen auf ein Zeitfenster zwischen 10 000 und 4000 Jahren vor unserer Zeit.

Es dauerte noch weitere vier Jahrzehnte, bis niederländische und englische Wissenschaftler und Wissenschaftlerinnen die weißen Flecken im Bild ausfüllen konnten, die Clement Reid frei lassen musste, weil ihm die Faktenbasis fehlte. Aber seine Nachfolger waren sich nun sicher: Im Bereich der Doggerbank gab es Land, es wurde von Menschen besiedelt, die offenbar auch noch eine ganz eigene Kultur entwickelt hatten; jedenfalls fanden die Archäologinnen klare Unterschiede zu den Lebensweisen, die damals auf dem Festland herrschten. Bryony Coles, Professorin für Prähistorische Archäologie an der Universität von Exeter, zeichnete eine erste spekulative Karte des versunkenen Landes. Es reichte in Ost-West-Richtung von der dänischen Küste bei Esbjerg bis zu den englischen Grafschaften Norfolk und Lincolnshire. Die Nordspitze lag ungefähr auf einer Linie zwischen dem norwegischen Stavanger und dem schottischen Fraserburgh. Der von Coles skizzierte Umriss der Landverbindung quer über die Nordsee war von beachtlicher Größe.

Und dann? Wie verschwand so viel Land? Was geschah mit den Siedlungen, den Menschen?

Sie werden es anfangs nicht gemerkt haben, wie ihre Scholle schrumpfte. Das Eis im Norden schmolz, der Meeresspiegel stieg. Wie heute, nur deutlich schneller. In unseren Tagen sind es Millimeter im Jahr, damals wurde es gleich zentimeterweise mehr Meer. Die Verbindung zum Festland riss ab, Doggerland wurde Doggerinsel. Der Pegel der Nordsee stieg, sie brauchte mehr Platz und holte sich Land. Die Menschen auf der Insel rückten näher zusammen.

Vor etwa 8200 Jahren dann die Katastrophe: Im fernen Norden, am Kontinentalhang vor der norwegischen Küste, rauschte eine gewaltige Lawine aus Schlamm und Schutt in die Tiefen des Atlantiks. Wahrscheinlich, so geht eine weithin anerkannte Theorie, weil warmes Wasser eingeströmt war und Methanhydrat zum Schmelzen brachte, das in den Sedimenten eingelagert war. Die Kante des Kontinentalschelfs, in etwa 200 Meter Tiefe, verlor an Halt und sackte weg – eine Katastrophe, die als Storegga-Rutschung in die Erdgeschichte einging. Über mehrere Hundert Kilometer setzten sich Schlamm und Gestein in Bewegung, Tausende Kubikkilometer.

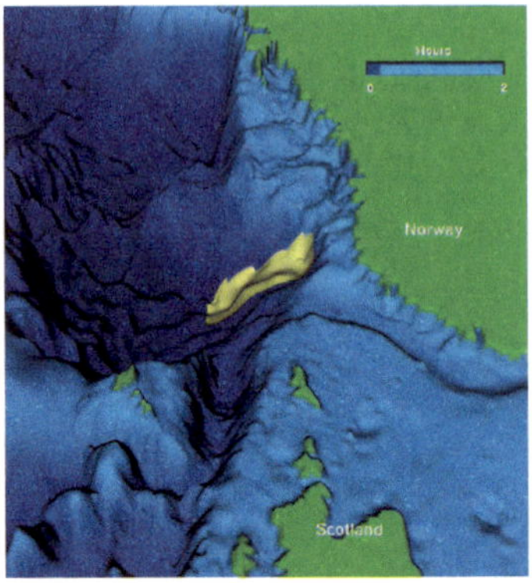

Storegga-Rutschung

Die plötzliche Bewegung dieser gewaltigen Masse löste einen Megatsunami aus, der sich mit der Geschwindigkeit eines Flugzeugs über die Nordsee ausbreitete. Wo der Tsunami an den Küsten auf flaches Wasser stieß, bäumte er sich zu gewaltigen Wellen auf. Auf den Shetlandinseln kann man zwanzig Meter über dem Meeresspiegel Ablagerungen dieser Monsterwellen sehen. Das sandige Doggerland hatte der Wucht des Wassers wenig entgegenzusetzen. Möglich, dass es nicht ganz überschwemmt und abgetragen wurde: Über den Sedimenten der Storegga-Rutschung wurden unlängst Spuren von Leben gefunden. Ob auch Menschen die große Flut überstanden haben, können die Experten und Expertinnen anhand ihrer Bohrkerne nicht sagen. Gesichert ist hingegen: Spätestens 5500 v. Chr. verschluckte die weiter ansteigende Nordsee auch die letzten Reste von Doggerland.

Heute steht das Wasser an der flachsten Stelle der Doggerbank gerade einmal 13 Meter hoch, und überhaupt ist die Nordsee im Schnitt nur etwas mehr als 90 Meter tief. Sie ist, wie die Ozeanografen sagen, ein typisches »Schelfmeer«, weil sie noch vollständig auf dem Kontinentalschelf liegt, auf kontinentaler Erdkruste. Otto Krümmel, ein deutscher Pionier der Meeresforschung, umschrieb diesen Übergang zur Tiefsee des Atlantiks mit »Gesims am Seerande der Festlandssockel«. Das Gesims reicht in der Definition der Internationalen Hydrographischen Organisation im Westen bis zu den Orkney- und Shetlandinseln und wird im Norden durch den 61. Breitengrad begrenzt.

An der Oberfläche sieht man nichts von den untermeerischen Landschaften, das Wasser trübt den Blick in die Tiefe. Als Student habe ich einmal auf dem irischen Forschungsschiff »Lough Beltra« ausgeholfen. Einer meiner Jobs war es, mit der Secchi-Scheibe die Sichttiefe des Wassers zu ermitteln. Dabei lässt man an einer Leine eine weiße Scheibe neben dem Schiff absinken, bis sie komplett verschwindet. Dieser Punkt, an dem sich das Weiß im Dunkel auflöst, ist die Sichttiefe. In der Nordsee liegt sie zwischen sechs Meter in der Deutschen Bucht und an die 20 Meter im hohen Norden zwischen Orkney und Norwegen.

Am Meeresforschungsinstitut von Woods Hole auf Cape Cod habe ich einmal mit der britischen Ozeanografin Susan Humphris ein Interview über die Bathymetrie geführt, die Vermessung des Meeresbodens – ihr Lebensthema. Im Laufe des Gesprächs sagte sie: »Manchmal möchte ich so gern einfach den Stöpsel ziehen und das Wasser ablaufen lassen.« Denken wir uns das Wasser also einmal weg: Wie würde die Topografie der Nordsee denn aussehen, wenn wir sie am Boden erkunden könnten?

Westlich der norwegischen Küste klafft eine erstaunlich tiefe Rinne, hier würde man vor der Hafenstadt Arendal in einem 725 Meter tiefen Tal wandern; Eisströme haben es in den Grund gekerbt. Dieser Graben erstreckt sich über eine Distanz von 800 Kilometern, am nördlichen Ende ist er fast 180 Kilometer breit, im Süden, kurz vor dem Übergang in den Skagerrak, sind es noch etwa 40 Kilometer. Auf halber Strecke zwischen Norwegen und Schottland steigt man hoch zum Fladengrund, auf eine weite Hochebene, die gut 120 bis 140 Meter unter dem Meeresspiegel liegt; ein ausgezeichnetes Revier für den Heringsfang, lese ich bei meiner Recherche.

Südlich davon liegt das Teufelsloch, das aus einer Reihe von Gräben besteht, die mehr als doppelt so tief sind wie der umliegende Nordseegrund. Den Namen haben Fischer in ihrer Wut vergeben, die an den Abbrüchen dieser steilen Rinnen ihre Netze verloren. Weiter nach Süden, es geht aufwärts zur Doggerbank, die als Moräne eines Eiszeitgletschers entstand; es ist die höchste Erhebung unserer fiktiven Wanderung. Spektakulär ist der Abstieg am Südhang der Doggerhügel, es geht hinab in den Silbergrund, ein schmales Tal, etwa 175 Kilometer lang, das sich in Ost-West-Richtung hinzieht. Als es noch ein Doggerland gab, war der Silbergrund ein großer Binnensee.

An seinem nördlichen Rand würden wir, wenn wir mit unserem Blick die Sedimente durchdringen könnten, in der Tiefe ein kraterähnliches Gebilde ausmachen, das erst 2002 entdeckt wurde. Hier ist – so lautet eine Theorie – vor schätzungsweise 45 bis 75 Millionen Jahren ein Meteorit eingeschlagen; ein etwa 170 Meter großer Brocken, der bei seinem Aufprall ein massives Erdbeben ausgelöst haben dürfte. Möglich scheint den Geologinnen und Geologen, die sich mit dem Silbergrund-Krater befassen, aber auch Theorie Nummer zwei, dass an dieser Stelle ein Vulkan aktiv war. Vor der Küste der Niederlande queren wir noch eine Ebene, die in den Seekarten mit Breeveertien – Vierzehner-Breite – eingetragen ist. Hier liegt der Grund durchgängig bei 14 Faden (das alte nautische Maß rechnet mit einem Faden = sechs Fuß = 1,8288 Meter) – umgerechnet 25 Meter. Von der Breeveertien folgen wir einer Rinne, die ganz sachte auf 30 Meter Tiefe zum Ausgang der Nordsee in den Ärmelkanal führt.

* * *

Mein Boot hat wenig Tiefgang, gerade einmal einen Meter, aber für die geplante Route von Hörnum auf Sylt zur Föhrer Schulter und weiter zum Hafen von Wyk muss ich trotzdem genau rechnen. Das Fahrwasser führt durchs Watt und fällt bei Ebbe trocken, es gibt nur ein kleines Zeitfenster, um das Wattenhoch östlich der Insel zu queren. »Bezugsort« für meine Kalkulation ist Helgoland, wo die Flut laut Tidenkalender um 17.23 Uhr ihren höchsten Stand hat. Für die Föhrer Ley, mein Ziel, gibt es keine eigenen Tidentabellen, sie ist nur ein »Anschlussort«. Die Gezeitentafeln nennen nur die Differenz zum Bezugsort; in diesem Fall sind es plus zwei Stunden und 31 Minuten. Ich muss also spätestens gegen 20 Uhr am Wattenhoch sein, wenn ich auf der anderen Seite mit dem ablaufenden Wasser nach Wyk segeln will.

Priggen als Wegweiser im Watt der Nordsee

Als ich ablege, weht es mit zwei Windstärken aus West. Vor dem Wind gleite ich unter Großsegel und Fock auf dem Hörnumtief Richtung Festland. Für den Laien von Land klingen Beschreibungen vom Segeln ja häufig nach Mühsal oder gar einem Dasein in permanenter Gefahr. Deshalb ist jetzt hier der richtige Zeitpunkt zu erwähnen, dass ich gerade Meilen der Leichtigkeit, ja des puren Glücks erlebe. Meine »Bijou« läuft wie von selbst, mit sanftem Druck in den Segeln, und mein Blick kann schweifen: Sonnenglanz auf dem Wasser und auf den Schlickbänken vor den Inseln, voraus das Festland, ein grüner Strich am Horizont, Nordfriesland.

Der Weg über die Föhrer Ley durchs Watt ist mit sogenannten Priggen gekennzeichnet, dünnen Birkenstämmen, die ein Toppzeichen aus Reisig tragen. Ist die Spitze des Bündels oben zu einer Spitze zusammengezurrt, handelt es sich um eine Steuerbordprigge. Rechts davon wird's flach. Sind die Zweige so gebunden, dass sie oben lose abstehen, habe ich es mit einer Backbordprigge zu tun. Also rechts davon bleiben, links ist nicht genug Wasser.

An diesen Stangen entlang taste ich mich durchs Watt. Die elektronische Seekarte läuft zwar mit, aber sie ist in diesen Gewässern nicht viel wert – zu schnell verändern sich die Wege der Priele durch die Sände. Jede Tide verschiebt den Lauf der Priele: reißt hier Schlick mit, deponiert ihn dort neu. Die ständige Veränderung ist die einzige Konstante an dieser Küste. Deshalb gilt nicht, was auf dem Papier steht, sondern nur die »Besenstraße«, die das Wasserstraßen- und Schifffahrtsamt immer neu absteckt.

So weit die Theorie. Nach einer Dreiviertelstunde Fahrt an den Priggen entlang liegt plötzlich leeres Wasser vor mir. Wo zum Teufel geht es weiter? Wo steht die nächste Prigge? Der letzte Sturm muss die Wegweiser ausgerissen haben. Jetzt schaue ich doch auf den Plotter, um wenigstens eine Ahnung zu haben, wie ich steuern muss. Ich suche den Horizont nach dem nächsten Besen ab und behalte dabei die Anzeige des Echolots im Auge. Jetzt zeigt es 1,30 Meter an, das ist nicht mehr viel Wasser unter dem Kiel. Kein anderes Schiff unterwegs, kein Anhaltspunkt. Zum Glück läuft das Wasser noch auf, wenn ich stecken bleibe, hebt die Flut mein Boot wieder an. Nur, was nützt das, wenn ich dann nicht weiß, wohin? Laut Seekarte muss ich mich eher Backbord halten, und: Uff, das Wasser wird tatsächlich wieder tiefer. Eine mickrige, gerupfte Prigge kommt in Sicht. Ich habe meinen Weg wiedergefunden. Um 18.55 Uhr bin ich am Wattenhoch.

Der Bug zeigt jetzt nach Südwesten. An Steuerbord liegt die Geestinsel Föhr, an Backbord ist noch die nordfriesische Küste mit dem Hafen von Dagebüll zu erkennen, weiter vorn lugen zwei flache Inseln über den Horizont: Öland und Langeneß. Die höchsten Erhebungen auf den beiden Halligen, die Warften der Bauernhöfe, ragen gerade mal drei Meter über Normalnull hinaus. Was die knapp 150 Bewohner wohl zu Klimakrise und Anstieg des Meeresspiegels sagen?

* * *

»Watt«, lese ich, kommt aus dem Friesischen. Wo *wada* so viel bedeutet wie: durch seichtes Wasser waten. *Wade* sagen ja auch die Engländer, und Waddensea, *vade* die Dänen, bei ihnen heißt es *Vadehavet*. In allen Sprachen ist es eine Welt, die nicht Land ist und nicht Meer. Die Gezeiten entscheiden, ob man hier über Sand und Schlick laufen kann, ob man waten muss oder doch besser in ein Boot steigt. Zweimal am Tag flutet Hochwasser das Watt, zweimal am Tag wird es vom folgenden Niedrigwasser wieder freigelegt. Watt ist »im Meer zerfließendes Land«, schreibt der Meereskundler Karsten Reise, und das ist vielleicht die schönste, die poetischste Beschreibung.

Bis zu 40 Kilometer breit ist dieser hybride Kosmos am südöstlichen Rand der Nordsee, er reicht von Den Helder in den Niederlanden über Ostfriesland und Nordfriesland bis zur dänischen Halbinsel Skallingen. Auf der ganzen Welt gibt es eine solche Küste nicht noch einmal, weshalb die UNESCO das nordeuropäische Wattenmeer am 26. Juni 2009 wegen seines »außergewöhnlichen universellen Wertes« zum Weltnaturerbe erklärt hat, das besonderen Schutz verdient.

In geologischen Zeitdimensionen ist dieser Schatz noch jung, sehr jung sogar, wie ein Vergleich mit den Alpen zeigt, die ebenfalls als »jung« gelten: Der Prozess der Auffaltung des Gebirges begann vor 135 Millionen Jahren. Unsere Nordseeküste aber ist eine Hinterlassenschaft der letzten Eiszeit, und die liegt gerade einmal 10 000 Jahre zurück. Und was wir heute sehen, wenn wir von Norddeich oder Husum über den Deich schauen, ist nur eine flüchtige Momentaufnahme einer permanenten großen Kulissenschieberei. Zum Wesen des Wattenmeers gehört, dass es sich permanent wandelt. Klar, auch die Konturen eines Gebirges sind nicht ewig; Erosion nagt am Fels, physikalische und chemische Prozesse hinterlassen ihre Spuren. Aber an der Nordseeküste verläuft geologisches Geschehen wie im Zeitraffer. Im Prinzip bringt jede Flutwelle, die vom Ärmelkanal in die Nordsee schwappt, eine Neuordnung der Geografie.

Was das Wattenmeer global gesehen so rar und besonders macht, ist die feine Balance der Umstände, die es zu seiner Entstehung brauchte. Fehlte nur einer der geologischen Faktoren oder fiele nur eine der gigantischen Kräfte, die hier im Spiel sind, schwächer oder stärker aus, hätte es das Wattenmeer nie gegeben. In der Eiszeit wuchsen die Gletscher über Skandinavien auf eine Dicke von drei bis vier Kilometern an, ein unvorstellbares Gewicht lastete auf dem Norden der europäischen Kontinentalplatte – und drückte sie bis zu 900 Meter tief in den oberen Erdmantel. Mit dem Abschmelzen des Eispanzers begann sich das Land wieder zu heben, und zwar mit einer für geologische Prozesse unglaublichen Geschwindigkeit von zwölf Zentimetern im Jahr. Während sich der Norden hob, senkte sich die Erdplatte im Süden. Man müsse sich das wie eine gigantische Wippe vorstellen, erklären Geologinnen und Geologen: Skandinavien bewege sich gerade aufwärts, südlich der ehemaligen Gletschergrenze gehe es abwärts. Der Geophysiker Holger Steffen, der als Geodät bei der schwedischen Landvermessung forscht, hat anhand von millimetergenauen GPS-Daten nachgewiesen, dass die Kippkante dieser Wippe auf einer Linie liegt, die in fast exakt südöstlicher Richtung durch Norddeutschland führt. Flensburg liegt auf der Kante, Grömitz und Wismar. In der Uckermark knickt die Kippkante dann nach Osten ab.

Die unmittelbare Folge für unsere Küste: Der Boden senkt sich, der Meeresspiegel steigt. Nun würde das Land einfach unter Wasser verschwinden, wenn nicht ein weiterer Prozess abliefe, der dafür sorgt, dass permanent »nachwächst«, was durch das Absacken des Grundes verloren geht: Die großen Flüsse, die in die Nordsee münden, Rhein, Maas, Ems, Weser und Elbe, tragen aus dem Binnenland große Mengen an Sedimenten in die See, die sich vor der Küste absetzen oder von den Gezeitenströmen weiter verschoben werden. Es ist ein geologisches Wunder, dass sich diese beiden Kräfte genau die Waage halten: Das Wasser steigt, die Sedimente wachsen. Nur weil es dieses Patt der Naturgewalten gibt, kann dieses besondere Reich entstehen, in dem Meer und Land abwechselnd herrschen, im Takt der Gezeiten.

Wie schnell sich das Watt verändert, kann man nahezu in Echtzeit beobachten. Während ich hier schreibe, wachsen die nächsten Inseln – und andere verschwinden. Als die Kachelotplate im 18. Jahrhundert erstmals in Karten verzeichnet wurde, rauschte die Flut noch regelmäßig über die Sandbank südwestlich von Juist. Seit 1975 guckt der Sand dauerhaft über den Meeresspiegel hinaus, und 2004 wurde die trockenliegende Fläche mit 230 Hektar vermessen. Inzwischen haben sich zwei bis drei Meter hohe Dünen gebildet, eine Kolonie Robben hat sich angesiedelt, Vegetation erobert das Neuland, Binsenquecke, Strandroggen, Portulak-Keilmelde. Doch auch dieses Idyll wird nicht von Dauer sein. Das Inselchen wandert, seine Position verschiebt sich. Das Meer gräbt im Westen Sand ab und schwemmt ihn im Osten wieder an.

Die Kachelotplate »driftet« langsam, aber sicher auf die benachbarte Vogelschutzinsel Memmert zu, mit einer Geschwindigkeit von etwa 33 Metern im Jahr. Wenn nichts Unvorhergesehenes passiert – eine schwere Sturmflut beispielsweise könnte das Neuland komplett wegreißen –, dann wird es sich

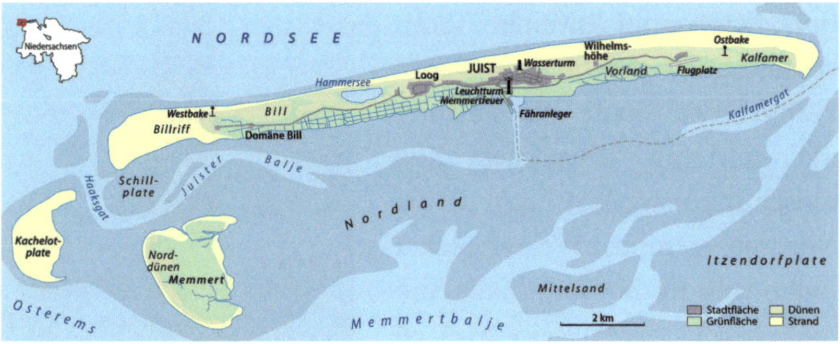

Kachelotplate, Memmert und Juist

in etwa 50 Jahren mit Memmert vereinen. Die Küstenschützer Niedersachsens schreiben lakonisch, dass die »weitere Entwicklung nur schwer zu prognostizieren« sei.

Das Meer gibt und das Meer nimmt: Die ersten Siedler der Ostfriesischen Inseln müssen permanent auf Wanderschaft gewesen sein. Wenn ihnen links das Land knapp wurde, zogen sie weiter nach rechts. Sinnbild für diese Wanderung ist der alte Leuchtturm auf Wangerooge. Weil Türme im Westen jedes Mal wieder von Orkanen und Sturmfluten geschleift wurden, entschied man sich für einen Neubau ganz im Osten der Insel, der 1856 in Betrieb genommen wurde. Wie weit Wangerooge seither seine Position verlagert hat, lässt sich nun exakt am Leuchtturm ablesen: Er steht heute in der Inselmitte.

Als es den Insulanern zu dumm wurde, ihre Investitionen immer wieder aufzugeben, und als ihre Bauten zu groß wurden, um sie einfach umzusetzen, begann die Ära von Stein und Beton und Bitumen. Vom Westen aus betrachtet, zeigt sich Wangerooge heute als Festung, die sich mit gewaltigen Küstenschutzbauwerken gegen die Nordsee stemmt. Wellenbrecher ragen weit in die See hinaus, um die Energie der Wellen früh zu brechen; der Deich selbst trägt ein Deckwerk aus Beton und Asphalt. Schön ist das nicht, und auf Dauer kriegen die Brecher auch diese solide Konstruktion klein.

Der alte Wangerooger Leuchtturm

»Da ergrimmte der Herr und ließ wie zu Noä Zeiten seine Wasser steigen; und über die Deiche und Mühlen und Türme schwollen sie; und Rungholt mit seinen blonden Frauen und seinen trotzigen Männern« – und ich wies mit dem Finger rückwärts, wo noch vom Kiel unsers Schiffes das Wasser in der Sonne strudelte –, »dort steht es unten, unsichtbar und verschollen auf dem Boden des Meeres. Nur zuzeiten bei hellem Wetter, wenn in der einsamen Mittagsstunde die Wimpel schlaff am Mast herunterhängen und die Schiffer in der Koje schnarchen, dann – wie die Leute sagen – ›dühnt es auf‹. – Wer dann mit wachen Augen über Bord ins Wasser schaut, kann gewahren, wie

Türme mit goldnen Gockelhähnen aus der grünen Dämmerung aufsteigen; vielleicht mag er sogar die Dächer der alten Häuser erkennen, und wie zwischen dem Seetang, der sie überstrickt hat, seltsam schwerfälliges Getier umherkriecht, oder zwischen den zackigen Giebeln in die Enge der Gasse hinabschauen, wo Muschelwerk und Bernstein die Tore der Häuser verbaut hat und der nie rastende Flut- und Ebbestrom mit den Schätzen versunkener Schiffe spielt. – Aber auch die Schiffer unter Deck erwachen und richten sich auf, denn unter sich aus der Tiefe hören sie es läuten; das sind die Glocken von Rungholt.«

Erkannt? Das ist ein Auszug aus der Novelle »Eine Halligfahrt« von Theodor Storm, 1871 veröffentlicht, die das große nordfriesische Trauma erzählt: Die Stadt Rungholt, auf der großen Insel Strand im Nordfriesischen Wattenmeer gelegen, wurde 1362 von einer Sturmflut verwüstet und samt dem Grund, auf dem sie stand, von den Brechern fortgerissen. Storm verlegte die Handlung in einen moralischen Kosmos, in dem Gottes Fügung die stärkste Kraft ist. Die Bewohner besagter Insel waren bei Storm wie besoffen von ihrem sagenhaften Reichtum, sie verweigerten den Naturgewalten die nötige Achtung, ja: Sie verhöhnten die See. Bei Sturm stiegen sie auf ihre Deiche und brüllten der Brandung

Theodor Storm

entgegen: »Trutz nu, blanke Hans!« Was man frei übersetzen kann mit: »Dann komm doch, du ärmlicher Geselle!« Das ging so lange gut, bis die Insulaner eines Nachts eine Sau betrunken machten und nach dem Pfarrer riefen, auf dass er dem elenden Tier die Sterbesakramente reiche. Das war die eine Respektlosigkeit zu viel, diese Blasphemie durfte so nicht stehenbleiben. Der Herrgott schickte eine gewaltige Flut, und die Rungholter gingen mit Mann und Maus unter. So weit die Legende.

Die Wirklichkeit, wie sie Historiker und Naturwissenschaftlerinnen Jahrhunderte später rekonstruieren, war nicht weniger grausam.

Die letzte Eiszeit hatte aus Skandinavien eine Bugwelle aus Stein und Sand vor sich hergeschoben. Diese Moräne aus »Geschiebemergel« wurde zum Fundament für die großen Geestinseln im Nordfriesischen Wattenmeer, Sylt, Amrum und Föhr. Als der Meeresspiegel stieg, bildete sich hinter diesen Inseln ein geschütztes Gewässer, in dem sich Sedimente ablagerten. Ein ausgedehntes Marschland entstand, und als sich hier die ersten Menschen niederließen, konnte man bei Niedrigwasser trockenen Fußes nach Sylt laufen; es waren lediglich ein paar kleinere Priele zu durchqueren. Sylt war damals nicht wirklich Insel, sondern Westküste – das Meeresufer einer Landmasse, die wir heute Schleswig-Holstein nennen.

Die Bewohner von Rungholt hatten das Pech, auf einem Terrain hinter den Geestinseln Föhr, Amrum und Sylt zu siedeln, das aus lockeren Ablagerungen bestand – Kiesel, Sand und Torf. Und die Verdichtung dieses losen Untergrunds im

Schwemmland westlich von Husum war längst nicht abgeschlossen; er sackte weiter zusammen. Die Insulaner hätten also ihre Deiche regelmäßig erhöhen müssen, um das Absinken ihrer Scholle zu kompensieren – was sie leider nicht taten. Im Gegenteil, sie gruben hinter den Deichen sogar noch in die Tiefe und bauten Torf ab, um in einem aufwendigen Verfahren daraus Salz zu sieden. Ein Grund für den relativen Wohlstand der Region – und zugleich ihr Verderben. Denn das Land der Torfsieder lag nun teilweise sogar tiefer als der Meeresspiegel.

Dann kam die Große Flut. Sturm aus West peitschte das Wasser vor sich her, und am 16. Januar 1362 brachen überall an der Nordseeküste die Deiche. Erst lief das Land um Rungholt voll wie eine Wanne, dann spülte die See den weichen Untergrund, auf dem die Stadt gebaut war, einfach davon. Rungholt versank in der Nordsee, buchstäblich, und in den Quellen aus der Zeit sind keine Berichte zu finden, dass es Überlebende gegeben hat. Niemand kann heute sagen, wie viele Menschen umgekommen sind bei dieser Katastrophe, die als »Grote Mandrenke« – die große Manntränke, das große Ertrinken – in die Geschichte eingegangen ist. Die Marschen der nordfriesischen »Uthlande«,

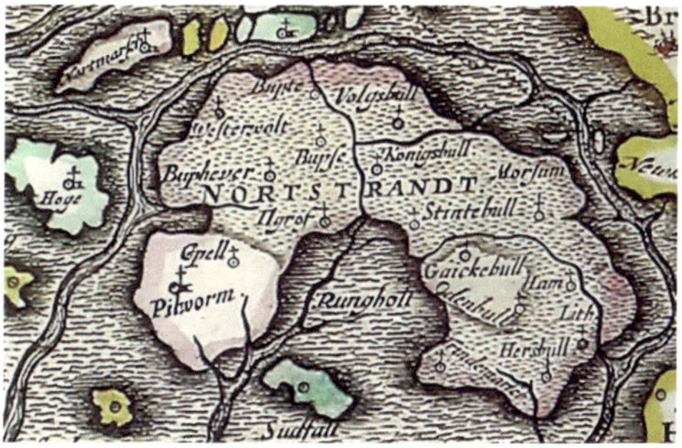

Der vermutete Ort von Rungholt © Joan Blaeu

also des Außenlands vor dem eigentlichen Festland, wurden verwüstet. 42 Pfarrbezirke Nordfrieslands, das zeigen die Kirchenregister, sind komplett verschwunden. Rungholt wurde so vollständig abgetragen, dass von seiner Existenz und seinem Untergang viele Jahrhunderte lang nur noch Märchen und Legenden kündeten.

Bis der Bauer Andreas Busch am Pfingstmontag 1921 von der Insel Nordstrand mit Pferd und Kutsche einen Ausflug ins Watt unternahm. Südwestlich der Hallig Südfall blieb er mit seinen Gäulen im Modder stecken, und wie er so durch den Schlick patschte, stand er plötzlich vor einer Reihe von Pfählen im Watt. Sah das nicht aus wie eine altertümliche Schleuse? Nicht weit von den Pfählen entdeckte Busch Erhebungen im Watt, die wie die Sockel von Warften aussahen. Für den Bauern bestand kein Zweifel: Das Watt hatte ihm den Blick freigegeben auf eine Siedlung, die vor langer Zeit vom Meer überspült worden war. Er hatte das sagenhafte Rungholt gefunden.

Fundstücke vom Meeresgrund

Archäologen und Archäologinnen streiten später noch lange, wie die Funde im Watt zu deuten sind und wo nun exakt die Siedlung lag, die in der Mandrenke versank. Liebhaber der Materie sollten den Disput zwischen dem Kulturhistoriker

Hans Peter Duerr und dem Landesamts für Vor- und Frühgeschichte in Schleswig nachlesen – es wird, wie formuliere ich es diplomatisch, lebhaft gestritten. Wichtiger als die Deutung der letzten antiken Scherbe oder Münze ist für mich die Erkenntnis, mit welcher Geschwindigkeit die Naturgewalten das Watt verändern – und wie wenig der Mensch diesen Kräften entgegensetzen kann.

* * *

Für all die Leserinnen und Leser, die sich vielleicht nicht vorstellen können, was ein Extremwetter auf der Nordsee bedeutet, sei ein kurzer Einschub zu den Gewalten gestattet, die dem kleinen Randmeer seinen Spitznamen einbrachten: Blanker Hans. Die Herkunft der Bezeichnung ist tatsächlich ungeklärt, die Sprachwissenschaft kann nicht nachweisen, wer das Grauen personalisiert hat, wer der Nordsee den Allerweltsnamen »Hans« verliehen hat. Das »Blank« könnte für weiß stehen und die Gischt, die von den Wellenkämmen weht, wenn es mit Sturmstärke bläst. Vielleicht war es aber auch gemeint, wie es die Runghölter in ihrer Selbstüberhebung brüllten: als trotzige Ansage an die Orkangewalt, die sie als nackten, erbärmlichen Gesellen verlachten.

Nun, Forschende der Geschichtswissenschaften wissen es besser: Der Blanke Hans ist ein Massenmörder. Ungezählt sind die Opfer, die er in seinen Fluten ertränkte, oder die Schiffe, die er auf ihren Fahrten über die Nordsee versenkte.

So oft glaubten sich die Seeleute schon in Sicherheit, die Küste schien nah, doch über den Sänden in den Mündungstrichtern der großen Ströme bäumten sich die Wellen noch einmal besonders steil auf. Wer hier bei Sturm auf Grund lief, hatte gegen die Nordseebrecher keine Chance.

Die ersten wissenschaftlich belegbaren Daten über eine Monsterwelle stammen nicht von einem der Weltmeere, sondern von der Nordsee: Am Neujahrstag 1995 heult der Wind mit Orkanstärke, ein massives Tiefdruckgebiet über Südschweden. Kalte Polarluft rast an der Westküste Norwegens entlang. Mitten in der Nordsee treffen die Wellen auf eine Bohrinsel, die erst wenige Monate zuvor in Betrieb gegangen war: »Draupner E«. Die signifikante Wellenhöhe – der Mittelwert aus dem höchsten Drittel aller gemessenen Wellen – beträgt am Nachmittag des 1. Januars 1995 schon etwa zwölf Meter. Doch am Nachmittag, kurz nach 16 Uhr, zeigen die Aufzeichnungen plötzlich einen radikalen Ausschlag nach oben. Ein Kaventsmann rauscht unter der Plattform durch, wie ihn die Wissenschaft noch nicht gesehen hat.

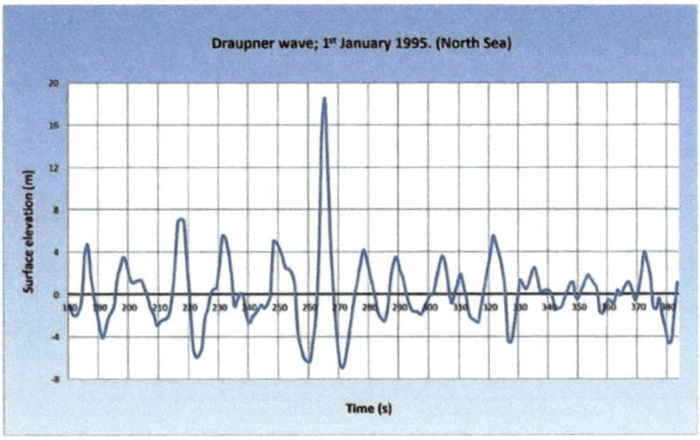

Der Mess-Ausschlag der Monsterwelle

Vom Wellental bis zum Kamm misst das Monster mehr als 26 Meter. Forscher und Forscherinnen vermuten sogar erst einmal einen Systemfehler, die Dimensionen erscheinen ihnen doch zu grotesk. Doch als die Bohrinsel später inspiziert wird, bestätigen Schäden an der Struktur in entsprechender Höhe den Ausschlag der Instrumente. Die Draupner-Welle geht in die Geschichte der Meeresforschung ein und belegt eindrucksvoll, welche Gefahren drohen, wenn der Blanke Hans tobt.

* * *

Die Fischer machten ihre Schiffe los, offene Segelkutter zumeist, also ohne Deck und Aufbau, und nahmen Kurs auf die Fanggründe jenseits der Hurkar Rocks, acht Seemeilen vor der Küste. Sie legten Langleinen aus, die sie in den Tagen zuvor mit Ködern versehen hatten. Napfschnecken und Miesmuscheln vor allem, um Schellfisch und Kabeljau zu locken.

Gegen Mittag verflüchtigte sich der letzte Windhauch, die Segel hingen schlaff an den Masten, träge dümpelten die Schiffe in der Dünung. Über dem Festland ballten sich da bereits Wolken, bleigrau, und es wurde schlagartig so finster, dass die Menschen in Eyemouth am frühen Nachmittag ihre Öllampen entzündeten.

Dann heulte der Sturm los.

Das Zentrum des Tiefdruckgebiets lag auf halbem Weg zwischen Schottland und Dänemark, mitten in der Nordsee. Aus Nordnordwest überfiel der Orkan die Fischer von Eyemouth. Es waren allesamt erfahrene Seeleute. Reflexe übernahmen das Kommando. Ohne zu zögern, kappten die Männer ihre Langleinen und setzten Sturmsegel. Den Orkan auf See abwettern? Oder versuchen, den Hafen zu errei-

Sturm »Poly« zieht vor St. Peter-Ording auf

chen? Es waren doch nur acht Meilen bis Eyemouth. Fast alle Boote nahmen Kurs auf die Küste.

Masten knickten wie Streichhölzer, die offenen Boote kenterten. In Sichtweite des Hafens wurden Kutter auf den Riffen zerschmettert. Von Land aus schauten die Menschen hilflos zu.

129 Fischer kamen an diesem Tag um. Der Sturm machte 73 Frauen zu Witwen, 263 Kinder verloren ihre Väter.

* * *

Am 14. Oktober 1881 schlug das Wetter um, ganz plötzlich, und für die Fischer aus dem schottischen Eyemouth wurde die Nordsee zur Mordsee. Der Untergang ihrer Flotte ist nur eine Tragödie von ungezählten, die sich auf der Nordsee zugetragen haben, seit der Mensch an ihren Ufern siedelt. Aber er hat schnell erkannt, welcher Schatz sich draußen auf dem Meer heben lässt: Fisch, in unfassbaren Mengen. Man musste gar nicht weit rausfahren, um zum Bersten gefüllte Netze aus dem Wasser zu ziehen.

Fisch ist der erste große Reichtum der Nordsee, und das hat sie ihrer Prägung als flaches Schelfmeer zu verdanken. Bei der Lighthouse Foundation, der deutschen Stiftung für die Meere und Ozeane, lese ich zwei verblüffende Zahlen, die den Zusammenhang perfekt erklären: Der Streifen Schelfmeer, der zwischen Kontinent und hoher See liegt, ist im globalen Mittel gerade einmal 40 Seemeilen breit und enthält 0,2 Prozent der Wassermenge der Meere. 0,2 Prozent – ein wahrhaft verschwindend kleiner Anteil an diesem gigantischen Reservoir! Und doch stammen 99 Prozent der Weltfischerträge aus diesen flachen Gewässern. Wie kann das sein?

Meeresbiologen nennen die großen Ozeane auch »blaue Wüsten«, was einem beim ersten Hinsehen wie ein Oxymoron vorkommen mag. Weit weg von den Kontinenten ist das Meerwasser klar wie Glas – weil es nur wenig Sedimente enthält und kaum Nährstoffe. Vor allem Phosphor und Stickstoff sind weit ab des Landes knapp, aber das Leben im Meer braucht genau diese Elemente, auch Silizium, Kobalt, Kupfer, Eisen, Mangan, Molybdän, Vanadium und Zink sind unverzichtbar. Ein Landwirt würde über die blauen Wüsten sagen: Dem Ozean fehlt es an Dünger.

Den gibt es in einem Schelfmeer wie der Nordsee reichlich: Große Ströme wie Rhein, Elbe, die Schelde und die norwegische Glomma tragen ihre Fracht aus den Tiefen des Kontinents zur See. Sie liefern die Nährstoffe, die das Phytoplankton im Wasser gedeihen lassen, mikroskopisch kleine Diatomeen, Grünalgen oder Dinoflagellaten, von denen sich millimetergroße Ruderfußkrebse oder die Larven von Bodenorganismen ernähren.

Und es sind genau diese Winzlinge, die unsere Schwarmfische in der Nordsee fett machen: Hering, Makrele und Sprotte. Und die stehen wiederum auf dem Speiseplan der größeren Räuber, wie Kabeljau und Schellfisch, Wolfsbarsch und Wittling. Eine extrem effiziente Nahrungskette – das flache Randmeer, erklärt die Lighthouse Foundation, ist biologisch um ein Vielfaches produktiver als der offene Ozean.

Blick in einen Heringsschwarm

Aus der Perspektive eines Fischs ist die Nordsee das reinste Schlaraffenmeer, und zwei Bewohner finden ideale Verhältnisse vor, um sich in unfassbaren Mengen zu vermehren: der Atlantische Hering (Clupea harengus) und der Atlantische Kabeljau (Gadus morhua). Der Hering ist ein kleiner Kerl, schlank, bis zu 45 Zentimeter lang, und wenn er so groß wird, bringt er ein Kilogramm auf die Waage. Er hat ein großes Maul, leicht oberständig, sagen die Experten, der Unterkiefer ist länger ausgebildet als der Oberkiefer. Sein Rücken ist von dunkler Farbe, stahlgrau, dunkelgrau oder sattgrün, während sein Bauch und seine Flanken silbern glänzen. Es ist das Tarnkleid vieler Fische, mit dem sie sich vor Räubern schützen. Wenn Fressfeinde von oben auf den Hering schauen, hebt er sich mit dem dunklen Rücken vor der Finsternis der Tiefe kaum ab; gucken sie von unten auf den kleinen Fisch, verschwindet sein Silberbauch im Licht an der Oberfläche.

Er paart sich in Küstengewässern, in einer Tiefe von 40 bis 70 Metern: Die Weibchen geben im offenen Wasser ihre Eier ab, Zehntausende davon, und das Männchen – von Fachleuten Milchner genannt – gibt sein Sperma dazu. Die Eier sinken auf den Grund, und nach einer Reifezeit von etwa zwei Wochen schlüpfen die Larven des Herings. Sie fressen und wachsen, bis sie mit einer Größe von vier Zentimetern als Fisch zu erkennen sind. Nach drei Jahren ist der Hering geschlechtsreif und schenkt dem Meer weiteren Nachwuchs. Er wird, sofern er nicht im Netz eines Fischers landet, bis zu 20 Jahre alt.

Die strengen Regeln der Kirche im Mittelalter sorgten dafür, dass der kleine Fisch in immer größeren Mengen gefangen wurde. Weil Jesus bekanntlich 40 Tage in der Wüste fastete und betete, verordneten sich auch seine Jünger eine Fastenzeit. Und das war nicht die einzige Zeit im kirchlichen Kalender, an dem der Speiseplan der Menschen eingeschränkt wurde; an mehr als 100 Tagen im Jahr musste sich fleischlos ernähren, wer gottgefällig leben wollte. Was als Fastenspeise jedoch erlaubt war: Fisch. Hering, in Salzlake eingelegt oder geräuchert, war gut haltbar und ließ sich in Fässern bis weit ins Binnenland transportieren. Olaus Magnus, legendärer Geograf und Erzbischof von Uppsala, schrieb 1555 in seinem Hauptwerk über die »Wunder des Nordens«: »Im Lande Schönigen, welches von alters her inter das Königreich Gothen gehöret, werden in dem mitnächtigen Meer zu Anfang des Herbstes gemeynlich eyn solcher Haufen Hering gefangen, in unzahlbare Tonnen eingeschlagen und hinweggeführt, daß faßt gantz Europa damit gespeist wird.«

Hering wurde Grundnahrungsmittel, er machte Kaufleute reich und mächtig. Die Hanse verdankt ihren Aufstieg an der Ostsee dem Handel mit dem kleinen Fisch, und mit Einnahmen aus dem Heringsfang wurden auch an der Nordsee Städte gegründet und ganze Imperien errichtet. Die Stadt Great Yarmouth in der ostenglischen Graftschaft Norfolk zum Beispiel entstand auf einer Sandbank in der Mündung des Flüsschens Yare. Ein ungemütlicher Ort, um eine Siedlung anzulegen, weil den Gewalten der See praktisch ungeschützt ausgeliefert, aber der Hering schwamm hier in solchen Massen vorbei, dass es für die Fischer keinen besseren Hafen geben konnte. Als Yarmouth taucht der Ort 1016 in einer Lehensurkunde des Dänenkönigs Knut auf, da wird er schon als bedeutende Heringsdomäne gerühmt. 300 Jahre später, finde ich auf der Webseite des Time and Tide Museum von Yarmouth, zählt die Siedlung auf der schmalen Landzunge in der Nordsee zu den fünf reichsten Gemeinden Englands.

Historisch und ökonomisch nicht weniger bedeutend ist der Kabeljau. Als Fisch ist er natürlich ein völlig anderes Kaliber: bis zu anderthalb Meter lang und in dieser Größe dann fast einen Zentner schwer. Es soll auch schon Exemplare gegeben haben, die zwei Meter lang wurden – bei einem Gewicht von fast 100 Kilo. Der Kabeljau trägt ein dunkelgraues, sandfarbenes oder grünes, dunkel geflecktes Schuppenkleid mit einer charakteristischen hellen Seitenlinie, die in einem eleganten Schwung vom Vorderkörper hoch über die Brustflossen bis zum Schwanz verläuft. Der Oberkiefer des Kabeljaus ragt markant über den Unterkiefer hervor, an dem eine kräftige Bartel hängt. Mit diesem Tastorgan spürt er im Meeresgrund nach Beute.

Er ist ein gieriger Allesfresser: Seine Larven und Jungfische ernähren sich von Algen und Plankton, erwachsene Fische verschlingen Krill und Krebstiere, Würmer und Stachelhäuter, Muscheln und kleinere Fische wie Lodde, Hering oder Schellfische. Auch kleinere Vertreter der eigenen Art soll der Kabeljau nicht verschmähen. Er lebt vorwiegend in Küstengewässern in einer Tiefe von 100 bis 150 Metern, bevorzugt Wassertemperaturen um fünf Grad und legt auf seinen Wanderungen zwischen Laichgebiet und Fressgründen oft enorme Distanzen zurück.

Der Kabeljau zählt zu den fruchtbarsten Fischen der Weltmeere. Ein 15 Kilogramm schweres Weibchen legt einmal im Jahr an die 7,5 Millionen Eier. Von ihrem Geburtsort am Meeresgrund steigen die Eier zur Oberfläche auf, wo nach einer Reifezeit von zwei bis vier Wochen die Larven schlüpfen. Der französische Romancier Alexandre Dumas, dem wir wichtige Erkenntnisse über die Kochkunst seiner Heimat verdanken, schrieb 1873 in seinem »Le Grand Dictionaire de Cuisine« über die unfassbare Fortpflanzungsrate des Kabeljaus: »Wenn aus allen Eiern ungehindert Jungfische schlüpfen und sämtliche Jungfische heranreifen würden, so brauchte es nach Berechnungen nur drei Jahre, um das Meer so anzufüllen, dass man auf den Rücken von Kabeljauen trockenen Fußes über den Atlantik wandeln könnte.«

Kabeljau

© Histoire Naturelle generale et particuliere des poissons 1797

Larven und Jungfische wachsen schnell: Ein drei Jahre alter Kabeljau bringt es bereits auf eine Länge von knapp 60 Zentimetern, mit fünf Jahren misst er schon mehr als 80 Zentimeter. Die Artgenossen in der Nordsee und im Ärmelkanal wachsen wegen des opulenten Futterangebots besonders schnell. Mit etwa drei Jahren erreicht der Fisch seine Geschlechtsreife, und er kann wie der Hering bis zu 20 Jahre alt werden. Dann muss er allerdings einen Bogen um die vielen Netze gemacht haben, die im Atlantik und seinen Nebenmeeren ausgelegt werden, um ihn zu fangen.

Beim Kabeljau wurde mir erstmals bewusst, zu welchen dramatischen Konsequenzen Überfischung führen kann. Vor der Küste Neufundlands, wo der eisige Labradorstrom auf das warme Wasser des Golfstroms trifft, waren die Bedingungen für den Kabeljau ideal; kein anderes Revier war für Fischer so ergiebig. In den Anfangsjahren der Fischerei dort brauchte man keine Netze: Fischer senkten einfach mit Gewichten beschwerte Körbe ins Wasser und zogen sie randvoll mit Fischen aus dem Wasser.

Erst in den Achtzigerjahren schrillten die Alarmglocken. Die Fischer merkten, dass ihre Fänge zurückgingen, und gaben wissenschaftliche Gutachten in Auftrag, um die Größe des Bestands zu erforschen. Aber es wurde weiter gefischt, mit hohem Druck auf die Populationen des Kabeljaus. Bis buchstäblich keiner mehr in die Netze ging. 1992 wurde der Kabeljaufang vor der Küste Neufundlands offiziell eingestellt. Zehntausende Fischer und Arbeiter in der Fischindustrie verloren ihre Jobs. Das Meer war leer.

So schlimm kann es kommen, wenn eine Ressource ohne Maß und Rücksicht ausgebeutet wird. Und in der Nordsee, vor unserer eigenen Küste, sieht es auch nicht viel besser aus. Trawler aus England, Dänemark und Deutschland holten Jahrzehnte lang raus, was rauszuholen war. In den Achtzigern landeten die Fischer noch Hunderttausende Tonnen Kabeljau an. Zuletzt lag die Quote für die gesamte Nordsee bei etwas mehr als 8000 Tonnen und für die deutschen Fischer bei knapp 2000 Tonnen – und im Prinzip ist auch das noch zu viel. Im Datenblatt des Thünen-Instituts für Fischerei heißt es aktuell über den Kabeljau: »Die Laicherbiomasse des Nordsee-Kabeljaus liegt weiterhin … weit im roten Bereich. Der Fischereidruck ist auf den niedrigsten Wert seit Beginn der Zeitserie Anfang der 1960er Jahre gesunken und liegt nun erstmals unter dem Referenzwert des höchstmöglichen nachhaltigen Dauerertrages. Die Nachwuchsproduktion ist weiterhin schwach.« Fazit der Fischforscher: »Der Bestand befindet sich seit Mitte der 1980er Jahre außerhalb sicherer biologischer Grenzen.«

Dabei hatten die Nordsee-Anrainer früh gemerkt, dass es sich bei dem begehrten Kabeljau um eine Ressource handelte, die ihnen nicht unbegrenzt zur Verfügung stand. Immer weiter auf den Atlantik hinaus folgten die Fischer ihrer Beute, und sie warfen ihre Netze schließlich sogar dicht vor der isländischen Küste aus. Aber die Insulaner wollten nicht hilf- und machtlos zusehen, wie ihnen britische, dänische und deutsche Trawler den Kabeljau wegfischten. Um »ihren« Fisch zu schützen und sich selbst die exklusiven Fangrechte zu sichern, erklärte die Regierung in Reykjavík 1952 eine 4-Meilen-Zone, in der nur isländische Boote fischen durften, und sechs Jahre später dehnte man diese Zone sogar auf zwölf Meilen aus. Was sich die britischen Fischer nicht gefallen lassen wollten – der frei im Meer schwimmende Kabeljau war niemandes Eigentum, oder? London verhängte ein Importverbot für isländischen Fisch – und britische Trawler legten weiter unbeirrt ihre Netze vor der Nase der Isländer aus. Und so kam es zu der epischen Auseinandersetzung, die als erster Kabeljaukrieg in die Annalen der Seefahrt einging.

Die Isländer wurden handgreiflich. Sie schickten ihre Patrouillenboote los und sabotierten Trawler aus fremden Gewässern, indem sie deren Netze kappten. Die britische Regierung drehte die Eskalationsspirale gleich noch eine Umdrehung weiter und schickte Kriegsschiffe als Eskorte für die Fischer. Erst als Island die Vereinten Nationen und den NATO-Rat um Vermittlung bat, lenkte London ein und akzeptierte die 12-Meilen-Zone der Isländer.

Die Überfischung der Kabeljaupopulation verhinderte jedoch auch diese Grenze zur See nicht. 1972 verschob Island sie noch weiter hinaus, auf 50 Meilen vor seiner Küste. Wieder Protest der Briten, es folgte der zweite Kabeljaukrieg: Netze wurden zerstört, Trawler gerammt, diplomatische Beziehungen abgebrochen – bis die Vereinigten Staaten dazwischen gingen. Nicht aus Sorge um den Fisch, sondern weil sie fürchteten, in einem Streit zwischen Island und den westeuropäischen NATO-Staaten ihren Luftwaffenstützpunkt bei Keflavík zu verlieren.

Doch auch die neue Demarkationslinie hatte nur kurze Zeit Bestand. Zwei Jahre später erklärte Island gar eine 200-Meilen-Zone, um die Fanggründe für die eigenen Fischer zu reservieren. Was unweigerlich zum dritten Kabeljaukrieg führte, der erneut mit großer Heftigkeit ausgetragen wurde. Zu einem legendären Zwischenfall kam es im Januar 1976 etwa 35 Seemeilen vor der isländischen Küste, als das Patrouillenboot »Thor« und die britische Fregatte »HMS Andromeda« kollidierten. Die Darstellungen, wer wen gerammt haben soll, unterscheiden sich erheblich.

Zum Glück konnte der Konflikt am Verhandlungstisch entschärft werden, bevor ernsthaft Menschen zu Schaden kamen. Zum 1. Januar 1977 erklärten die Staaten der jungen Europäischen Wirtschaftsgemeinschaft, sich künftig an die Regeln der Isländer zu halten.

* * *

Der Zank um den Kabeljau verlangt nach einem kurzen Exkurs in einer Frage, die unter den Philosophen und Juristen der Nordsee-Anrainer seit dem 17. Jahrhundert intensiv debattiert wurde: Wem gehören denn eigentlich das Meer und die Fische, die darin schwimmen? Welche Gewässer darf ein Küstenstaat »besitzen« und exklusiv für sich beanspruchen?

Besitz bedeutet doch, dass man ein Ding in seiner Gewalt hat, was man im Fall der Ozeane nur schwerlich behaupten kann. Eigentum meint, dass man über eine Sache frei verfügen und andere von der Nutzung ausschließen kann. Wie soll das auf See funktionieren? Nur schwer vorstellbar.

Der Niederländer Hugo Grotius, Theologe und Rechtsgelehrter aus Delft, postulierte deshalb 1609 in seinem Aufsatz »Mare Librum«: Das Meer ist frei und unteilbar, niemand kann es besitzen, es gehört vielmehr der gesamten Menschheit. Daraus folgt, dass niemand das Recht hat, das Meer ausschließlich zu beherrschen und andere vom Fischen oder Handeltreiben auszuschließen. Der Ozean und seine Reichtümer sind Grotius zufolge ein *res extra commercium*, sie liegen außerhalb des Universums, in dem die Regeln des Kommerz gelten.

Die Gegenposition vertrat der britische Rechtsgelehrte und Philosoph John Selden aus Salvington in seiner 1635 veröffentlichten Schrift »Mare Clausum«. Keine Frage, die Gewässer rund um die Britischen Inseln seien eindeutig Besitz der Krone, hier gelte die britische Herrschaft wie an Land. Niemand sonst dürfe Ansprüche darauf erheben.

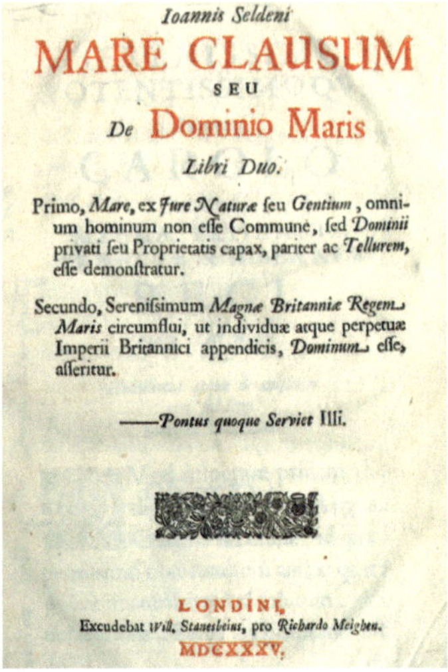
Ioannis Seldeni
MARE CLAUSUM
SEU
De Dominio Maris
Libri Duo.

Primo, *Mare*, ex *Jure Naturæ* ſeu *Gentium*, omnium hominum non eſſe Commune, ſed *Dominii* privati ſeu Proprietatis capax, pariter ac *Tellurem*, eſſe demonſtratur.

Secundo, Sereniſsimum *Magnæ Britanniæ Regem Maris* circumflui, ut individuæ atque perpetuæ Imperii Britannici appendicis, *Dominum* eſſe, aſſeritur.

——*Pontus quoque Serviet* Illi.

LONDINI,
Excudebat *Will. Stanesbeius*, pro *Richardo Meighen*.
MDCXXXV.

Titelseite »Mare Clausum«

Auch nachvollziehbar: Wer will schon fremde Schiffe im Revier direkt vor der eigenen Küste? Die sich bei den Fischgründen der Küstenbewohner bedienen. Oder ohne Vorwarnung eine Invasionsarmee absetzen können? Aber die beiden Positionen schließen sich auch nicht unbedingt aus, wie der Jurist und Theologe Cornelis van Bynkershoek, ebenfalls Niederländer, 1702 in seiner Schrift »De dominio maris dissertatio« darlegte. Ja, der Staat regiert das Meer – aber immer nur so weit, wie seine Kanonen schießen können. Er lieferte damit die pragmatische Begründung für die 3-Meilen-Zone.

Während die Gelehrten noch an ihrer Argumention feilten, wurde die Frage, wer die Macht auf See hat, in der Praxis mit Bordgeschützen ausgetragen: Die Niederländer waren nach dem Dreißigjährigen Krieg zur Seemacht aufgestiegen, die den

Frachtverkehr in Europa und die Handelsrouten nach Fernost dominierte. Als sie sich anschickten, den Briten auch im Handel mit der Neuen Welt Konkurrenz zu machen, konterte England im Oktober 1651 mit einer »Navigationsakte«. Nach diesem Gesetz für die Schifffahrt durften fortan nur Frachtsegler aus England und dem Ursprungsland eines Handelsguts britische Häfen anlaufen. Als die Briten begannen, vor Barbados niederländische Schiffe aufzubringen, reagierten die Vereinigten Provinzen und gaben einen Umbau von 150 Handelsschiffen in Auftrag: Sie brauchten schnell Kriegsschiffe für Schlachten zur See. Pech für die Niederländer: Die Flotte der Engländer war schon besser vorbereitet. Bei einer ersten Konfrontation vor Dover attackierte der britische Admiral Robert Blake einen Verband des niederländischen Admiralleutnants Maarten Tromp, der dabei gleich zwei seiner Schiffe verlor.

Es war der Auftakt zu jahrelangen Auseinandersetzungen, die als Niederländisch-Englische Kriege in die Geschichtsbücher eingingen. Fischer wurden gejagt, Geleitzüge angegriffen, Häfen blockiert, Seeschlachten geschlagen. Es war ein Krieg, der entscheiden sollte, wer die Seewege kontrollierte. Es ging um die Herrschaft über die Ozeane.

Nicht Philosophen und Juristen entschieden, wem das Meer und seine Schätze gehören. Britische Kriegsschiffe beantworteten die Frage eindrucksvoll mit ihren Kanonen: Auf See galt wie bisher kein Gesetz, sondern weiterhin das Recht des Stärkeren.

Bis im 20. Jahrhundert einige Staaten die alte Kanonenregel nicht mehr akzeptieren und die – ins Gewohnheitsrecht übergegangene – 3-Meilen-Zone seewärts ausdehnen wollten. Weil es galt, die Rechte der eigenen Fischer zu schützen und die Ansprüche auf Bodenschätze auszuweiten. Eine Weile herrschte ein globales Durcheinander, vor welcher Küste welche Regeln galten. Bei einer Bestandsaufnahme des US-Militärs 1960 zeigte sich, dass 26 Nationen an der alten 3-Meilen-Zone festhielten, während 16 Staaten ihre seewärtige Grenze auf sechs Meilen vor der Küste verschoben hatten und 34 sogar auf zwölf Meilen. Neun Staaten beanspruchten noch mehr Seeraum, wie Peru, Ecuador und Chile beispielsweise, die schon damals eine 200 Meilen breite Zone als »Küstengewässer« deklarierten.

Ich will hier nicht aufdröseln, wer in den vielen Konferenzen zur Formulierung eines für alle gültigen Seerechts mit welcher Taktik verhandelt oder blockiert hat. Es ging wohl ähnlich zu wie bei den internationalen Klimakonferenzen unserer Tage: Juristen und Diplomaten, Juristinnen und Diplomatinnen feilschen um Formulierungen in Abschlussdokumenten, tage- und nächtelang, bis ein Kompromiss gefunden ist, mit dem die meisten einverstanden sind. Und dann weigern sich die Vereinigten Staaten von Amerika oder Russland mitzumachen.

Trotzdem: Am 10. Dezember 1982 war die Seerechtskonvention bereit zur Unterzeichnung. 160 Staaten haben seither die »United Nations Convention on the Law of the Sea« (UNCLOS) ratifiziert. Ihr Kern ist die Regelung der Hoheitsrechte und -befugnisse vor der Küste eines Staates. Vereinfacht lässt sich die Einteilung des Meeres in fünf Zonen so erklären: Mit zunehmender Entfernung zum Küstensaum nimmt die Kontrolle des Staates ab:

- Küstenmeer, die 12-Meilen-Zone. Hier gilt das nationale Recht der Küstenländer. Sie müssen allerdings Schiffen anderer Nationen die »friedliche Durchfahrt« gewähren.
- Anschlusszone: bis 24 Meilen vor der Küste. Hier darf die Polizei die Einhaltung von Zoll-, Einreise- und Gesundheitsbestimmungen überwachen oder Verstöße ahnden, die auf nationalem Territorium begangen wurden.
- Ausschließliche Wirtschaftszone: Bis 200 Meilen vor der Küste steht einem Staat das exklusive Recht zu, Fisch und Bodenschätze zu nutzen.
- Festlandsockel: Der Hang des Kontinents zieht sich oft viel weiter als 200 Meilen ins Meer hinaus. Ein Staat darf deshalb auch Ressourcen ausbeuten, die bis zu 350 Meilen vor seiner Küste liegen.
- Hohe See: Alles, was außerhalb der 200-Meilen-Zone oder jenseits des Festlandsockels liegt, ist »gemeinsames Erbe der Menschheit«.

Wie schwierig die Interpretation solcher Regeln ist, zeigt ein Disput der fünf Nordsee-Anrainer: Deutschland, die Niederlande, Großbritannien, Norwegen und Dänemark wollten jeweils einen maximal großen Anteil an dem weit vor der Küste liegenden Kontinentalschelf. Artikel 6 der – schon 1958 geschriebenen – Festlandsockelkonvention bestimmt, dass in Fällen, wo sich die Zonen überlagern, weil nicht genug Meer zwischen zwei Staaten liegt, das Äquidistanzprinzip Anwendung findet: Es wird zwischen den Hoheitsgebieten zweier

Nationen eine Linie gezogen, deren Punkte von den gegenüberliegenden Küsten gleich weit entfernt sind.

Nur hatte Deutschland die Konvention noch nicht ratifiziert. Es bestand auf einer »gerechten« Aufteilung, die den Nachteil der deutschen Küste kompensiert, die leider eine konkave Form aufweist. Konkaver Küstenverlauf heißt: Die Grenzen laufen vom westlichen und nördlichen Ende aufeinander zu und bilden ein Dreieck. Und zwar ein Dreieck mit einem sehr spitzen Winkel. Das ergibt leider keinen großen Anteil am Festlandsockel.

Aber die Nachbarn waren nicht einverstanden mit der deutschen Forderung, und so landete die Angelegenheit vor dem Internationalen Gerichtshof. Die Richter gaben beiden Seiten ein wenig recht. Sie verwarfen für diesen Fall das Äquidistanzprinzip, verneinten aber auch den deutschen Wunsch nach einer »fairen« Aufteilung des Festlandssockels: Die beteiligten Parteien sollten sich bitte auf eine klare Abgrenzung einigen.

Das Ergebnis der Verhandlungen ist der »Entenschnabel«, wie der nordwestliche Zipfel der deutschen Wirtschaftszone spöttisch genannt wird: Sie verjüngt sich auf einen schmalen Korridor, um sich dann nach einer Ausbuchtung der dänischen EWZ noch mal zu verbreitern. An der Koordinate 55° 55′ 0″ Nord, 003° 21′ 0″ Ost, dem am weitesten vom deutschen Festland entfernt liegenden Punkt, haben wir seit dem 30. Oktober 1970 gleich drei Nachbarn: Großbritannien, die Niederlande und Dänemark.

Warum die Klärung der Seerechtsfragen plötzlich so eine akute Wichtigkeit erhält? Weil die Menschheit entdeckt, dass es im Meer außer den Fischen noch weitere wertvolle Ressourcen gibt, auf die man exklusiven Zugriff haben möchte. Seit Ende der Sechzigerjahre wird in der Nordsee intensiv nach Erdöl und Gas gesucht. Auch Deutschland bohrt den Meeresboden in seinem »Entenschnabel« an, und siehe da: In einer Tiefe von 2600 Metern unter der Bohrplattform mit der nüchternen Bezeichnung A6/B4 wird ein Gasfeld entdeckt – 300 Kilometer vor der deutschen Küste.

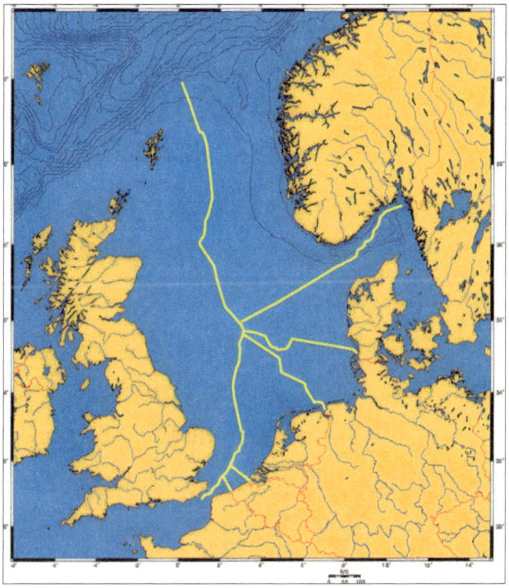
Die nationalen Wirtschaftszonen in der Nordsee

* * *

Als Iain Wood im Morgengrauen seinen Helikopter aus dem Hangar rollt, herrscht gute Sicht, es geht kaum Wind, beste Bedingungen. Wir steigen über dem Hafen von Sullom Voe auf und hangeln uns an den Inseln entlang auf den offenen Atlantik hinaus. Von Lamba nach Little Holm, Muckle Holm und dann Kurs 006. Wenige Minuten später kann Co-Pilot Simon Skinner das Ziel des Flugs auf dem Radarschirm ausmachen: den Tanker »Wilana« aus Oslo. Wood und

Skinner sind die Pollution Control. Sie überprüfen jeden Tanker, der in die Gewässer der Shetlands einläuft. Hat er schnell noch Schmutz aus der Bilge oder den Ballasttanks abgelassen? Müll entsorgt? Wood umkreist das Schiff in einer Höhe von 100 Metern. Alles sauber.

Dann lässt der Pilot seinen Helikopter nach unten sacken, wo das große »H« auf das Deck des Tankers gemalt ist, um seine Passagiere abzusetzen, den Lotsen Andrew Nesbitt und mich, den Reporter.

Kapitän Jørgen Rømer empfängt uns auf der Brücke, 45 Meter über dem Meeresspiegel. Sein Schiff driftet seit zwei Wochen auf dem Atlantik, die Maschine auf Stand-by, er wartet auf die nächste Order der Reederei. Jetzt gibt es Ladung: Rømer soll Sollum Voe anlaufen, den großen Ölterminal auf den Shetlandinseln.

Die letzten Meilen sind die schwierigsten. Wenn in den engen Fjorden der Shetlands bei unhandigem Wetter ein Manöver misslingt oder ein technisches Problem auftritt, kann die Lage schnell eskalieren. Wie im Dezember 1978 im Fall der »Esso Bernicia«: Bei stürmischem Wind bricht im Maschinenraum eines Schleppers Feuer aus. Die Crew kann ihre Position nicht halten, eine Trosse reißt, und der 330 Meter lange Tanker schlitzt sich an einer Betonmooring den Rumpf auf. 1174 Tonnen Bunkeröl laufen aus und sind nicht wieder einzufangen; der Sturm verteilt das Öl im Fjord. Tausende Seevögel kommen um, Schafe fressen ölverseuchtes Gras und sterben. Das war gleich nach Inbetriebnahme des Terminals, die »Bernicia« war erst das zwölfte Schiff im Hafen. Danach werden alle Sicherheitsregeln und Notfallpläne überarbeitet.

Auf jeden Fall braucht es eine Eskorte, die stark genug ist, um auch mit Komplikationen fertigzuwerden; vier Schlepper müssen sein. Der erste wartet in Höhe der Insel Little Holm. Skipper Michael Jamieson *hat seine »Dunter« gewendet und läuft rückwärts mit zwölf Knoten Fahrt hinter dem 50 Meter breiten Heck des Tankers her. Die Wurfleine fliegt, die Schlepptrosse kommt auf den Haken, die Verbindung steht. Südlich von Lamba wartet »Tystie«, der zweite Schlepper, und bis zur Einfahrt nach Sullom Voe sind auch »Shalder« und »Tirrick« fest. Langsam drosselt der Tanker seine Fahrt, mit zwei Knoten gleitet er auf seine Ladestation zu. Jetzt noch wenden: »Tystie« zieht vorn nach Steuerbord, »Dunter« hinten nach Backbord, in zehn Minuten haben sie den großen Pott um 180 Grad gewendet.*

Der Hafenlotse erzählt später von persönlichen Beinahekatastrophen. Wie ihm einmal auf einem Gastanker die Elektrik ausgefallen ist. Nichts ging mehr, er hatte kein Ruder, keine Navigationsgeräte, keine Kontrolle über das Schiff. Er musste den Kahn allein mit den Schleppern manövrieren. Und brachte ihn sicher an die Pier. Fehler passieren, Technik streikt, will Andrew Nesbitt damit sagen. Deshalb muss alles doppelt abgesichert sein. Mindestens.

* * *

Es ist eines der großen planetaren Wunder, anders kann man es nicht sagen: wie geologische und chemische Prozesse gemeinsam wirken und aus Detritus, also aus den Resten natürlichen Zerfalls, aus toter Materie, etwas Neues schaffen, das in einer solchen Dichte Energie speichert. Im lichtdurchfluteten, gut gedüngten Wasser der flachen Nordsee gedeihen gewaltige Massen an winzigen Algen und Kleinstlebewesen. Wenn sie absterben, rieseln sie wie Schnee auf den Meeresboden. In den tiefen Gräben der Meerestopografie sammelt sich dieser biologische Restmüll in gigantischen Mengen. Wo er nicht von Strömungen aufgewühlt wird, wo die Zersetzung von Algen und Plankton den Sauerstoff aufzehrt, bildet sich Faulschlamm. Immer mehr Sedimente lagern sich ab, begraben den Schlamm. Je tiefer er unter dem Meeresboden verschwindet, desto größer wird der Druck auf das organische Material, desto höher steigt die Temperatur. Moleküle brechen auf, neue Kohlenwasserstoffe entstehen – aus dem Biomüll der Nordsee wird Erdöl oder Gas. Bei Temperaturen von 60 bis 170 Grad Celsius bildet sich Öl; wenn es noch heißer wird, bei bis zu 200 Grad, verwandeln sich die marinen Ablagerungen zu Gas. Der enorme Druck in der Tiefe quetscht die leichteren Substanzen aus ihrem Muttergestein, sie steigen auf, bis sie von einer undurchlässigen Schicht aus Ton oder Salz gestoppt werden. Unter diesem Deckel – die Fachleute sprechen von einer »geologischen Falle« – sammeln sich Öl oder Gas in porösem Lagergestein. Ein unfassbar wertvoller Schatz, von dem der Mensch nichts ahnt, bis er die Technik beherrscht, sich ein Bild zu machen von den Gesteinsschichten tief unter dem Meeresgrund.

Wie so oft hilft der Zufall den Tüchtigen: Geologen stoßen 1958 bei Bohrungen nahe Slochteren in der niederländischen Provinz Groningen auf Erdgas. Sie können zu diesem Zeitpunkt noch nicht wissen, wie groß das Gasfeld ist, das sie gefunden haben. Aber ihnen wird schnell klar, dass sich die geologische Formation der Lagerstätte möglicherweise unter der Nordsee fortsetzt und weit bis in den Norden Englands reicht. Liegen unter dem Meer weitere Vorkommen? In welchem Umfang? Und wie kommt man da heran? Wie bohrt man auf hoher See in einer Tiefe von ein paar Tausend Metern nach Gas?

Erste Lizenzen zur Exploration werden vergeben, und die Ingenieure machen sich an die Arbeit: Schon kurze Zeit später schleppen Niederländer, Briten, Deutsche, Dänen und Norweger erste Plattformen auf die Nordsee und fangen an zu forschen. 1965 findet British Petroleum das West Sole Field, ein Gasvorkommen gut 40 Seemeilen vor der Küste von Yorkshire. Die Phillips Petroleum Company entdeckt 1969 im norwegischen Sektor das Ekofisk-Ölfeld, fast genau in der Mitte der Nordsee. 1971 stößt auch Shell auf Öl, 100 Meilen nordöstlich der Shetlands. »Brent« taufen sie das Feld; der Name wird einmal zum Synonym für das leichte Öl aus der Nordsee insgesamt, eine Referenzsorte auf dem Weltmarkt.

Brent liegt weit draußen in der Nordsee, auf halbem Weg zwischen den Shetlandinseln und Norwegen. An der Fundstelle ist das Meer 140 Meter tief, und die Lagerstätte des Öls liegt noch einmal 2600 Meter darunter. Erschließung der Lagerstätte und der Aufbau der Produktion sind aufwendig und ergo teuer, wie bei den meisten Offshore-Ölfeldern. Doch die Förderung in der Nordsee wird mit einem Schlag hochprofitabel, als die Organisation Erdöl Exportierender Länder (OPEC) 1973 beschließt, ihre Fördermengen zu drosseln. Innerhalb kürzester Zeit vervielfacht sich der Preis für ein Barrel Öl.

Bei den Anrainern der Nordsee herrscht eine Stimmung wie Mitte des 19. Jahrhunderts in Kalifornien, als ein Zimmermann des Sägewerks von Coloma am American River die ersten Goldnuggets findet. Plötzlich kann es gar nicht schnell genug gehen mit der Erschließung der Vorkommen in der Nordsee. Immer größer werden die Anlagen, die auf See gebraucht werden, immer extremer die Einsatzorte der Drilling Crews. Ich sehe die Bilder noch vor mir, die damals im Fernsehen gezeigt und auf großen Bildstrecken in den Illustrierten präsentiert werden: Wie mächtige Schlepper, vier oder fünf oder noch mehr im Gespann, monströse Ölbohrinseln oder Förderplattformen von den Werften in England oder Norwegen auf ihre Positionen in der Nordsee bringen. Wie riesige Spezialschiffe auslaufen, um die Pipelines zu verlegen, in denen das Öl und Gas von den künstlichen Inseln zu den Tanks und Verladestationen an Land strömt. Sullom Voe auf den Shetlandinseln wird einer der Brückenköpfe an Land, wo die Supertanker mit dem kostbaren Rohstoff beladen werden.

Die Nordsee, eben noch das alleinige Revier der Fischer, wird innerhalb von zwei Jahrzehnten zu einem Industriegebiet ausgebaut. Ein Schiff, das von Deutschland oder Dänemark nach, sagen wir, Schottland fährt, kann heute kaum noch einen geraden Kurs steuern, ohne mit einer Anlage der Offshore-Ölwirtschaft zu kollidieren. Viele Hundert solcher Hindernisse sind zeitweise auf den Seekarten der Nordsee verzeichnet, einigen Quellen zufolge sollen es sogar mehr als 1000 Installationen der Ölindustrie sein.

Es war eine Ära der Ingenieure. Sie mussten in einer lebensfeindlichen Umgebung eine Lösung für eine unmögliche Aufgabe finden. Wie errichtet man auf hoher See eine

Bau von Troll A

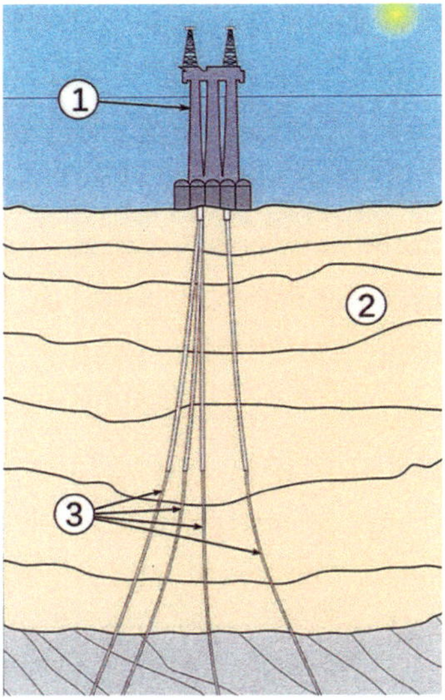

Platzierung im Meer

künstliche Insel, auf der auch unter den widrigsten Umständen mit absoluter Präzision gearbeitet werden kann? Stellt man die Anlage auf den Meeresgrund? Oder lässt man sie schwimmen? Und wie hält man sie dann genau auf der erwünschten Position, wenn turmhohe Wellen dagegen anrennen?

Die größte Plattform, »Troll A«, bauten die Konstrukteure für einen Einsatz vor der norwegischen Küste, etwas mehr als 50 Seemeilen westlich von Bergen. »Troll A« ist das größte Bauwerk des Menschen, das er auch noch bewegen kann: Auf einem 36 Meter mächtigen Sockel aus Stahlbeton thronen vier 343 Meter hohe Pfeiler aus Beton, die eine 22500 Tonnen schwere Arbeitsplattform tragen. Es brauchte zehn Schlepper, um das Ungetüm mit seinem Gesamtgewicht von 656000 Tonnen vom Vats Fjord an seinen Bestimmungsort zu bringen. Dort angekommen, wurden die Ballasttanks im Sockel und in den Pfeilern geflutet und die künstliche Insel auf dem Meeresboden abgesetzt. Neun Meter tief, heißt es, habe sich »Troll A« unter ihrem Gewicht in den Grund der Nordsee gedrückt. In 1200 Meter Tiefe stoßen die Bohrer später auf das Troll-Gasfeld, das zu seiner Zeit als das größte seiner Art in der Nordsee gilt. 1979 entdeckt, soll es Schätzungen zufolge für 50 bis 70 Jahre lang Erdgas liefern.

Es war wohl unvermeidlich, dass es in einer Industrie, die sich gerade erst erfand, die sich an völlig neue Techniken heranwagte, auch gravierende Zwischenfälle gab. Zur schlimmsten Katastrophe in der Geschichte des Nordsee-Öls kam es am 6. Juli 1988 auf der Bohrinsel »Piper Alpha«, 90 Seemeilen nordöstlich vor dem schottischen Hafen Aberdeen. Die von Occidental Petroleum und Texaco betriebene Anlage war ursprünglich als Plattform für die Ölförderung auslegt worden, doch nach einer Gesetzesänderung, die das Abfackeln von Gas untersagte, wurde »Piper Alpha« 1978 so umgerüstet, dass sie auch Gas auffangen und in Pipelines weiterleiten konnte. Nur war so das ursprüngliche Sicherheitskonzept nicht einzuhalten: Nach dem Umbau lagen sensible Produktionsbereiche direkt nebeneinander, die eigentlich durch einen aufwendigen Explosionsschutz hätten getrennt sein müssten.

Bei einer Routinewartung verketten sich konstruktive Mängel und Fehler in den Arbeitsabläufen auf verhängnisvolle Weise: Ein Überdruckventil wird ausgebaut, eine Gasleitung nur

Brennende Bohrplattform »Piper Alpha«

provisorisch mit einer Metallplatte abgedichtet. Die Crew im Leitstand übersieht den schriftlichen Hinweis, dass diese Pumpe nicht eingeschaltet werden darf. Als ein anderes Aggregat ausfällt, wird der Betrieb auf die fehlende Pumpe umgeleitet. Das einströmende Gas drückt den Behelfsdeckel weg – und nur Sekunden später kommt es zu einer gewaltigen Explosion. Die Mannschaft funkt noch Mayday, aber sie schafft es nicht mehr, die Rettungsboote zu Wasser zu lassen. Von den 226 Männern der Besatzung sterben 167 in den Flammen. Überlebt haben nur diejenigen, die aus 30 Meter Höhe in die See sprangen.

Die zerstörte Bohrinsel brannte zwei Wochen, bis es einem Team von amerikanischen Expertinnen und Experten gelang,

Beton in die Bohrlöcher zu pumpen und diese zu versiegeln. Eine Untersuchungskommission unter Leitung des schottischen Richters William Douglas Cullen wies eklatante Mängel in den Arbeitsabläufen auf »Piper Alpha« nach. Cullen schloss seinen Bericht mit 106 Forderungen, wie die Sicherheit auf den Plattformen in der Nordsee verbessert werden müssten. Die Ölindustrie hat sie fast ausnahmslos angenommen und umgesetzt.

1999 war das Jahr mit der höchsten Fördermenge: Jeden Tag holten die Ölkonzerne sechs Millionen Barrel aus dem Gestein tief unter der Nordsee. »Peak Oil« nennen Geologinnen und Geologen diesen Moment in der Ausbeutungsgeschichte einer Fundstätte, das Fördermaximum. Zwar liefern sich die Experten noch einen heftigen Streit über das Konzept des Geophysikers Marion King Hubbert, ob und wann und wie man diesen Zeitpunkt definieren kann, aber in der Nordsee ergeben die Zahlen ein klares Bild: Die Fördermenge nimmt seit 1999 ab, und zwar deutlich. Es werden noch neue Lizenzen vergeben, neue Lagerstätten entdeckt, doch der Trend ist unumkehrbar, und die Industrie zieht schon weiter. In größeren Tiefen, weit draußen am Kontinentalhang jenseits des Schelfmeeres finden sie neue Reserven.

Aber auch diese Vorkommen sind endlich, und der Aufwand, der betrieben werden muss, um Öl und Gas zu fördern wird immer größer. Bis 2035, lauten die aktuellen Prognosen, wird man wohl noch nennenswerte Mengen aus bekannten Feldern und potenziellen Neuentdeckungen herausholen können. Aber schon jetzt stellt sich die Frage, wie nicht mehr rentable Anlagen auf See rückgebaut oder anderweitig genutzt werden können. Der Posten taucht erst spät in den Kalkulationen der Konzerne auf – und einen Plan, wie man Tausende aufgegebene Quellen versiegeln, Hunderte Bohrinseln demontieren und Tausende Meilen Pipeline ausgraben und entsorgen will, hat noch niemand. In einer Analyse der »Neuen Zürcher Zeitung« heißt es: »Wie der Vertreter eines Erdölriesen unlängst in London zugab, muss die Branche noch lernen, das zu bewältigen. Manche Förderabkommen wurden in den 1970er Jahren verfasst und enthielten vielleicht einen einzigen Absatz über die Außerbetriebnahme. Erst allmählich verstehe man die Komplexität der Aufgabe ... Als viele Anlagen vor Jahrzehnten im Meer verankert wurden, machte sich kaum jemand Gedanken, wie man sie wieder herausbekommt.« Was das kosten soll? Die Schätzungen schwanken wild zwischen 70 Milliarden Euro allein für die Anlagen im britischen Sektor bis zu Gesamtkosten für die Nordsee von 150 Milliarden Euro, wie von der Boston Consulting Group berechnet. Ich darf festhalten: Niemand weiß es wirklich.

Einen Vorgeschmack darauf, wie mühsam der Rückbau der Altanlagen werden kann, bekamen die Ölgesellschaften, als sich Shell 1995 daranmachte, eine relative kleine und unbedeutende Installation zu entsorgen. »Brent Spar« war keine Bohrinsel oder Förderplattform, sondern nur ein schwimmendes Zwischenlager für Öl im britischen Brent Field, das wie eine zu groß geratene Spierentonne in der Nordsee verankert war. Als die Offshore-Verladestation nicht mehr benötigt wurde, weil das Ölfeld über eine neue Pipeline mit dem Terminal

Bohrinsel »Oseberg A« im Sturm

in Sullom Voe verbunden war, wollte Shell die Anlage auf den Atlantik schleppen lassen und westlich von Irland im mehr als 1000 Meter tiefen Rockall-Trog versenken.

Die Umweltschützerinnen und Umweltschützer von Greenpeace orchestrierten einen weltweiten Aufschrei gegen dieses Vorhaben: Es konnte doch nicht angehen, dass der Konzern seinen Schrott einfach auf offener See entsorgte. Und damit womöglich einen Präzedenzfall schaffte, um der Industrie insgesamt einen bequemen Weg zu bahnen, ihre mit diversen toxischen Stoffen verunreinigten Großanlagen zum Null-Kosten-Tarif loszuwerden. Am 30. April 1995 enterten Aktivistinnen und Aktivisten von Greenpeace die Verladestation »Brent Spar«, und an Land folgten die Autofahrer in Scharen den Aufrufen, den Ölkonzern zu boykottieren. Um bis zu 50 Prozent brach der Umsatz an deutschen Shell-Tankstellen ein, meldete der SPIEGEL im Juni: »Noch nie hat ein Weltkonzern so viele Menschen in so kurzer Zeit gegen sich aufgebracht.«

Shell lenkte schließlich ein und kündigte am 20. Juni an, man werde »Brent Spar« fachgerecht an Land zerlegen. Für Greenpeace wäre es eigentlich ein Grund zum Feiern gewesen, doch die Umweltschützer hatten sich durch einen Fehler bei den Messungen von Schadstoffen selbst einen Shitstorm eingebrockt, der noch lange nachwirkte. In der Auseinandersetzung mit Shell hatten die Umweltschützer ihre ursprüngliche Schätzung von problematischen Ölrückständen in den Tanks von »Brent Spar« drastisch nach oben korrigiert: Nicht 120 Tonnen davon seien noch in der ausgemusterten Verladestation, sondern 5500 Tonnen! Die norwegische Schiffsklassifikationsgesellschaft De Norske Veritas stellt später fest, dass es etwas mehr als 100 Tonnen waren, viel weniger als von Greenpeace behauptet und in etwa so viel wie Shell angegeben hatte. Die Umweltschützerinnen mussten sich für die Falschangaben entschuldigen, und ihre Glaubwürdigkeit nahm schweren Schaden. Ein schmutziges Detail bestimmte die Debatte – und das große Problem, auf das Greenpeace zu Recht hinweisen wollte, die unfassbar großen Altlasten der Ölindustrie in der Nordsee, geriet in den Hintergrund.

Im OSPAR-Abkommen zum Schutz der Meeresumwelt – in Oslo und Paris ausgehandelt – hatten sich die Anrainerstaaten des Nordatlantiks und der Nordsee 1992 eigentlich bereits verpflichtet, sämtliche Installationen künftig wieder komplett zurückzubauen. Doch der Haken liegt in dem kleinen Wörtchen »künftig«.

Viele der Bohrinseln und Förderplattformen in der Nordsee sind schon Jahrzehnte älter, und für sie gelten die neuen Regeln nicht. Wie die Ölkonzerne gedenken, durch diese Hintertür zu gehen, zeigte wieder Shell, als das Unternehmen 2017 begann, seine Anlagen im Brent-Feld zu demontieren. In einem spektakulären Manöver wurden die Aufbauten der künstlichen Inseln von dem Spezialschiff »Pioneering Spirit« von ihrem Unterbau getrennt und zum Verschrotten an Land verfrachtet. Das riesige Schiff wurde eigens für diese Aufgabe konstruiert und kann mit seinen hydraulischen Hubarmen eine Gesamtlast von 48 000 Tonnen an Bord hieven. Kostenpunkt des derzeit weltgrößten Schiffs: mehr als vier Milliarden US-Dollar.

Was auch die Gigantin nicht beseitigen konnte, waren die Stümpfe des Unterbaus, die noch aus der Nordsee ragen. Gewaltige Betonsäulen, 60 Meter hoch und mit meterdicken Wänden, die als Tanks genutzt wurden und bis heute mit Zehntausenden Tonnen eines Gemischs aus Öl und Sand sowie Hundertausenden Tonnen mit ölverschmutztem Wasser gefüllt sind – nach eigenen Schätzungen des Ölkonzerns. Was mit den Betonstümpfen und ihrem Inhalt passieren soll? Nichts, findet Shell, einfach stehen lassen, eine entsprechende Genehmigung ist bei der britischen Regierung beantragt. Erneut treibt der Konzern einen Präzedenzfall voran: Die Verschrottung seiner restlichen Anlagen würde einen unüberschaubar großen und unzumutbaren Aufwand bedeuten. Wäre es nicht im Interesse aller, eine günstigere Lösung zu finden? Der britische Staat hat über Konzessionen und sonstige Abgaben jahrzehntelang an der Ölförderung mitverdient und ist in der Mitverantwortung für die Beseitigung der schmutzigen Hinterlassenschaften der Industrie. Diese einfach verrotten zu lassen würde auch den Haushalt der Regierung schonen. Die Bundesrepublik hat als OSPAR-Vertragspartner jedenfalls formellen Protest gegen das Vorgehen eingelegt – Ausgang offen. Wir werden in den nächsten Jahren noch an vielen Beispielen in der Nordsee verfolgen können, wie Ölkonzerne und Förderländer die Entsorgung ihrer Altlasten bewältigen – oder eben nicht.

Dänemark prescht gerade mit einer Alternative vor, wie man die Anlagen der Industrie sogar weiter nutzen könnte. Wie wäre es denn, wenn wir das Kohlendioxid, das wir im ausklingenden Zeitalter von Öl und Gas weiter in gigantischen klimaschädlichen Mengen produzieren, dort versenken, wo wir die fossilen Energieträger aus dem Boden geholt haben? Also die Pumpen der Förderanlagen auf rückwärts stellen und das CO_2 in die Tiefe pumpen? Im März gab der dänische Kronprinz Frederik den Startschuss für das Projekt »Greensands«. 200 Kilometer vor der Küste, auf der ausgedienten Förderplattform »Nini West« im Siri-Ölfeld, wird seither verflüssigtes Kohlendioxid auf Schiffen angeliefert und in die ehemalige Lagerstätte gepresst. In 1800 Meter Tiefe bleibt das klimaschädliche Gas dann in der geologischen Falle, die verhindert, dass das Gas wieder an die Oberfläche steigt – wie sie vorher auch das Öl gefangen hielt. An »Greensands« beteiligt ist der deutsche Konzern Wintershall, der auf seiner Webseite verspricht: »Im Rahmen des Projekts Greensand sollen hier bis zu 1,5 Millionen Tonnen CO_2 pro Jahr ab 2026 und bis zu 8 Millionen Tonnen CO_2 pro Jahr im Jahr 2030 gespeichert werden, wobei die gesamte geologische Struktur des Siri-Feldes genutzt werden soll.«

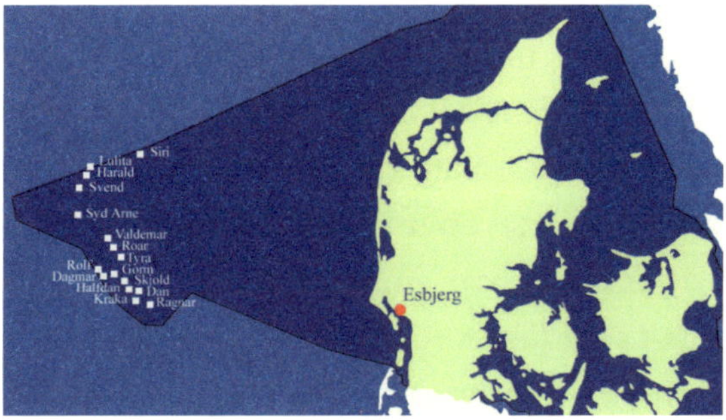

Dänische Ölfördergebiete © Morten Hahn-Pedersen: »Fra viking til borebisse – 50 generationer ved Vadehavet«, Esbjerg 2001

Klingt verlockend, oder? Zwei Probleme elegant gelöst: Die Förderplattform bleibt im Betrieb und darf sich sogar noch als Saubermann auszeichnen und das klimaschädliche Kohlendioxid schlucken. Wintershall hat schon mal addiert, welche Mengen man in der Tiefe verstecken könnte. »Bis zu 50 Jahre könnte die EU ihre gesamten Emissionen speichern«, denn die ehemaligen Nordsee-Lagerstätten haben ja eine Speicherkapazität von »bis zu 190 Milliarden Tonnen CO_2«.

Leider sind bei dem Konzept dieser »Carbon Capture and Storage« (CCS) noch entscheidende Fragen offen. In einer Einschätzung des Umweltbundesamtes zum »Einfangen und Lagern« des Gases heißt es: »Problematisch ist vor allem der enorme zusätzliche Energieaufwand für die Abscheidung, den Transport und die Speicherung. Der Einsatz der CCS-Technik erhöht den Verbrauch der begrenzt verfügbaren fossilen Rohstoffe um bis zu 40 Prozent.« Also noch mehr Energie einsetzen, um ein Abfallprodukt der Energieerzeugung zu beseitigen? Eine Übergangslösung bestenfalls, sagen selbst wohlwollende Kritiker des Konzepts. Ein weiterer Einwand: Mit der Nutzung ehemaliger Öl- und Gasfelder bürden wir uns wie im Bergbau eine Ewigkeitsaufgabe auf – die Endlager für das CO_2 müssen überwacht, Anlagen instand gehalten werden. Denn ob die Speicher in der Nordsee langfristig dicht halten, und welche Risiken es birgt, wenn große Mengen Kohlendioxid doch einmal entweichen sollten, ist noch nicht hinreichend erforscht.

Für eine abschließende Bewertung ist es also zu früh, aber für mich scheint der Knackpunkt sowieso ein anderer zu sein: Eine »technische« Lösung wie CCS lenkt von der eigentlichen Aufgabe ab. Dass wir klimaschädliches CO_2 womöglich im Meeresgrund »verpressen« können, wie die Fachleute es nennen, darf nicht dazu führen, dass die Energiewende verschleppt wird. Jede Tonne Kohlendioxid, die nicht freigesetzt wird, muss auch nicht entsorgt werden. Ziel muss bleiben, unseren Energiebedarf zu reduzieren, Abläufe von fossilen auf erneuerbare Energieträger umzustellen. Alles andere ist wie Schwarzer Peter spielen: Dann müssen es die nächsten Generationen ausbaden, dass wir es nicht geschafft haben, schneller von Öl und Gas loszukommen und den Industriepark Nordsee aufzuräumen.

* * *

Unter Segeln nach Helgoland überzusetzen ist fast immer eine ungemütliche Angelegenheit. Raus aus der Elbe geht ja nur mit dem Ebbstrom, und der schiebt von Osten. Der Wind weht in der Regel kräftig aus der entgegengesetzten Richtung, aus West oder Nordwest. Der Fachmann erkennt: Wind gegen Strom. Was bedeutet, dass man es schnell mit einer unangenehmen, steilen Welle zu tun bekommt. Schon bei 5 oder 6 Beaufort wird es dann auf der Außenelbe für Yachten rau.

Heute verspricht der Seewetterbericht Wind der Stärke 4 bis 5, Südost auf Südwest drehend. Endlich könnte die Richtung für eine Fahrt durch die Norderrinne der Außenelbe passen, durch das Lüchterloch, das wollte ich schon immer mal machen. Bis zur Abzweigung an der Fahrwassertonne 24 kommt der Wind von achtern, aber als ich in das flache Nebenfahrwasser abbiege, dreht er auf West – und er nimmt kräftig zu. An der Tonne L10 protestiert »Bijou« ächzend: zu viel Segelfläche. Ich binde das erste Reff ein.

Weit vor mir segelt noch ein Boot. Und jetzt sehe ich, wie es sich plötzlich hart auf die Seite legt und in den Wind dreht; die Yacht muss sich eine heftige Bö eingefangen haben. Ich lasse den Autopiloten steuern und berge schnell das Großsegel. Kaum bin ich wieder im Cockpit, krängt auch meine »Bijou« hart in den ersten Windstößen. Nur mit der Fock kann ich die Böen zum Glück gut abwettern und dabei auch meinen Kurs halten. Dafür prasselt jetzt auch noch Regen auf mich ein, dass ich fast nichts mehr sehen kann. Ich hangele mich von Tonne zu Tonne, bis die Sände hinter mir liegen und ich auf offenem Wasser Helgoland ansteuern kann.

Eine halbe Stunde später ist der Spuk vorbei. Sonnenstrahlen brechen durchs Wolkengrau, und zwar genau in dem magischen Moment, den ich als Segler so liebe: wenn das Wasser seine Farbe ändert – vom Schlickbraun des Elbstroms zum Ozeanblau der See. Jetzt, verheißt dieser Anblick dem glücklichen Segler, lässt du das Land hinter dir. Vor dir liegt nur noch Horizont, das Meer.

Als ich in den Südhafen von Helgoland einlaufe, herrscht gerade Hochbetrieb. Die Zubringerboote der Offshore-Arbeiter kommen rein. Von der großen Baustelle nördlich der Insel, wo der große Windpark »Meerwind« entsteht. Die Energiewende hat Helgoland in den vergangenen Jahren große Veränderungen gebracht. Vorher war alles auf den Tourismus ausgerichtet, doch nun ist die Insel Basis einer neuen Offshore-Industrie. Ich sehe lange Reihen von Männern in Overalls, dunkelblau und neongelb, die in Richtung Ort schlendern. Kein lautes Wort, keine Hektik, einige rauchen; sie sind nach dem Ende ihrer Schicht auf See geschafft.

* * *

Helgoland ist ein merkwürdiger Solitär in der Nordsee. Rundherum, wohin man blickt in der Deutschen Bucht, flache Küsten. Die höchsten Erhebungen sind eiszeitliches Geschiebe oder vom Wind aufgewehte Dünen. Sand und Wasser, das sind die Elemente, die den Nordseesaum von den Niederlanden bis hoch in den Norden von Dänemark prägen. Und dann ragt hier aus dem Meer plötzlich roter Fels. Buntsandstein, sehr altes Gestein sogar. Wie kann das sein?

Wir blättern noch einmal zurück in der Erdgeschichte: Vor 260 Millionen Jahren erstreckte sich von den heutigen deutschen Mittelgebirgen über das Land, das wir Norddeutschland nennen, bis in den Westen Polens eine weite Ebene – die Wissenschaft nennt sie das »Germanische Becken« oder den »Elbe-Trog«. Dazu gehörte auch die gesamte Fläche der Nordsee, es war also wirklich viel plattes Land. Ein Senkungsfeld, präzisieren Geologen und Geologinnen, das immer mal wieder überflutet wurde – und dann machte sich im Germanischen Becken das Zechsteinmeer breit.

Weil der Zufluss im Norden nicht beständig offen war, trocknete diese flache See mehrmals aus. Zurück blieben Evaporite, Verdunstungsrückstände, vor allem viel Salz. Erosion in den weit entfernt liegenden Bergen lieferte die nächste Sedimentschicht im Germanischen Becken, ein Sandstein, der durch die Oxidation seines hohen Eisenanteils die typische rote Färbung erhielt. Das war der Buntsandstein, den wir heute auf Helgoland sehen – aber das ist noch nicht das Ende der Geschichte. Denn es lagerten sich im Erdmittelalter (250 bis 60 Millionen Jahre vor unserer Zeit) noch weitere mächtige Schichten auf dem Buntsandstein ab, Muschelkalk, Keuper und Lias. Mit jeder neuen Lage Gestein nahm der Druck auf die darunterliegenden Schichten zu, die sich immer weiter verdichteten. Nur das Salz des Zechsteinmeeres ließ sich irgendwann nicht mehr weiter zusammendrücken; es wich zur Seite aus, bis es eine Verwerfung im Deckgestein fand, eine Schwächung der Struktur. Und an dieser Stelle stieg es nach oben auf und nahm die darüberliegenden Gesteinsschichten gleich mit. Helgoland entstand auf einem »Salzkissen«, sagen die Fachleute, es sitzt auf dem höchsten Punkt einer »Aufbeulung« im Untergrund.

Die endgültige Form der Insel, wie wir sie heute kennen, ist das Ergebnis der üblichen geologischen Prozesse mit ihren gewaltigen Kräften, die sich an der Oberfläche abspielen: In der Elster- und Saaleeiszeit gingen Eismassen mit ihrem gewaltigen Hobel über das Gestein. Und als die mächtigen Gletscher wieder zu Wasser geworden waren, machte sich die Brandung der jungen Nordsee daran, den Fels zu zerschlagen. Helgoland war einmal viel größer als heute, aber der weiche Buntsandstein gab den Elementen schnell nach. Die Wellen nagten erst Höhlen in den Fels, bis das Gestein darüber herabstürzte. Sie kerbten tiefe Einschnitte in die Insel und wuschen große Öffnungen zu den benachbarten Buchten aus, sogenannte Brandungstore oder Gatts. Beim Einsturz der Brückenbögen blieben einzelne Pfeiler stehen, eindrucksvolle Säulen aus Fels – oder Stacks, wie die Fachleute sagen. Die Brandung hat sie alle umgekippt und zermahlen, nur ein Turm steht noch, 48 Meter hoch, das Wahrzeichen Helgolands, im Friesischen heißt er »Nathurn Stak«. Besser bekannt ist der Felsen allerdings unter seinem hochdeutschen Alias: »Lange Anna«.

Östlich des roten Felsens, wo das Salzkissen den Buntsandstein nicht ganz bis an die Oberfläche geschoben hatte, ragte ein weißes Gestein aus dem Meer, aus Kalk und Kreide. Rot und Weiß waren zwei Teile einer Insel, beide fast gleich mächtig, und der Kieler Historiker Martin Krieger schreibt in seiner Geschichte Helgolands, dass die »Witte Kliff« im 11. Jahrhundert von Eiderstedt aus noch zu erkennen war und »aus östlicher Richtung eine weithin sichtbare Landmarke dargestellt haben muss«. Aber dann begann der Mensch sein zerstörerisches Werk, das die Form der Insel noch schneller veränderte, als es die Nordsee je hätte schaffen können.

Für das Jahr 1463 gibt es in den Hamburger Archiven eine Rechnung für die Suche nach Kalkvorkommen im Umland, die einen Abbau lohnen – auch Helgoland wird erwähnt. Bald darauf machten sich die Insulaner ans Werk und begannen, aus der Witte Kliff Blöcke zu hauen, mit denen die Hamburger ihre Stadt bauten. Wie unfassbar gründlich sie dabei zu Werke gingen, erkennt man erst, wenn man steht, wo sich einst die weiße Klippe auftürmte. Drüben, massiv, ein Riesenklotz, der rote Fels von Helgoland. Und auf der Düne, dem vorgelagerten Inselchen, nur noch Kiesel, Sand, Dünengras.

Roter Fels und Witte Kliff waren eigentlich sogar miteinander verbunden, doch durch den ungebremsten, sorglosen Kalkabbau war von diesem Übergang im 18. Jahrhundert nur noch ein schmaler Wall aus Geröll übriggeblieben. Und als in der Silvesternacht 1720 ein Orkan über die Nordsee heulte, der in ganz Friesland große Schäden anrichtete, wurde der Damm von der Sturmflut davongerissen. Der Amtmann Helgolands, ein Gastwirt namens Hans Broder, vermerkte in der Ortschronik: »Am Neujahrsabend und dem darauffolgenden Neujahrstag war es um zwei Uhr ein rechter Haubt-Sturm und hieselbst ein ungemein hohes Wasser mit so grausamen Wellen, dass auch einige Häuser und Buden bey Norden dem Lande wegspületen und übertraf diese Wasserfluht fast diejenige, welche am Weihnachtsabend 1717 erging. Der Wind war auch heftiger als zu der Zeit. Der Steinwall zwischen dem Lande und der Sanddüne riss durch.«

Anfangs konnte man wohl bei Niedrigwasser noch trockenen Fußes auf die andere Seite gelangen, doch die Nordsee strudelte mit jeder Tide durch die Enge, vor und zurück, immer wieder, und nahm jedes Mal wieder ein kleines Stück der einstigen Landverbindung mit. Bis die Lücke so breit war und so tief, dass auch größere Schiffe zwischen den Inseln vor Anker gehen können.

Die kamen auch, und nicht alle waren willkommen. Helgoland war mit seiner zentralen Position in der deutschen Bucht natürlich von strategischer Bedeutung, was zum einen Kaufleute schätzten, aber eben auch die diversen Herrscher in der Nachbarschaft. Mehrmals wechselte die Insel im Laufe ihrer Geschichte den Besitzer. Mal war sie dänisch, dann machten die Hansestädte Hamburg und Bremen Ansprüche geltend, es kamen Piraten. Das Herzogtum Schleswig. Wieder die Dänen.

Aber die schlugen sich in den Napoleonischen Kriegen auf die falsche Seite und hatten es zur See plötzlich mit einem mächtigen Gegner zu tun: Großbritannien. Auch die Briten erkannten den strategischen Wert der winzigen Nordseeinsel, und am 3. September 1807 erging Order an die Royal Navy, Helgoland zu besetzen und die Dänen zu vertreiben. Schon am nächsten Tag ging das 74-Kanonen-Linienschiff »Majestic« auf der Reede zwischen Insel und Düne vor Anker. Der dänische Inselkommandant, Major Karl Johann von Zeska, erkannte glücklicherweise, dass jeder Widerstand zwecklos war, und hisste die weiße Flagge. Am Tag darauf wehte zum ersten Mal der Union Jack über Helgoland – und es begann eines der skurrilsten Kapitel in der Geschichte der Nordsee.

Ein »zweites Gibraltar« könnte Helgoland werden, schrieb Vizeadmiral Sir Thomas Russel nach der Kapitulation der Insel an seine Vorgesetzten und schickte die Botschaft mit einem kleineren Schiff seines Verbands zurück nach England. In London stellte man schon bald Überlegungen an, wie das aussehen könnte. Der Hafen müsste vergrößert werden, damit ihn die Schiffe der Royal Navy als Schutzhafen anlaufen konnten. Und damit das Inselchen von künftigen Feinden nicht so leicht eingenommen werden konnte, brauchte es Geschütze mit einer ordentlichen Reichweite. Colonel William Hamilton, der die Offiziere von der »Majestic« 1807 als Gouverneur Helgoland ablöste, forderte gleich ein Kontingent von 150 Artillerieschützen an und neue Kanonen für die Stellungen, die er auf dem Oberland errichten ließ. Tatsächlich bekam die britische Artillerie nicht einen einzigen Feind vor die Rohre,

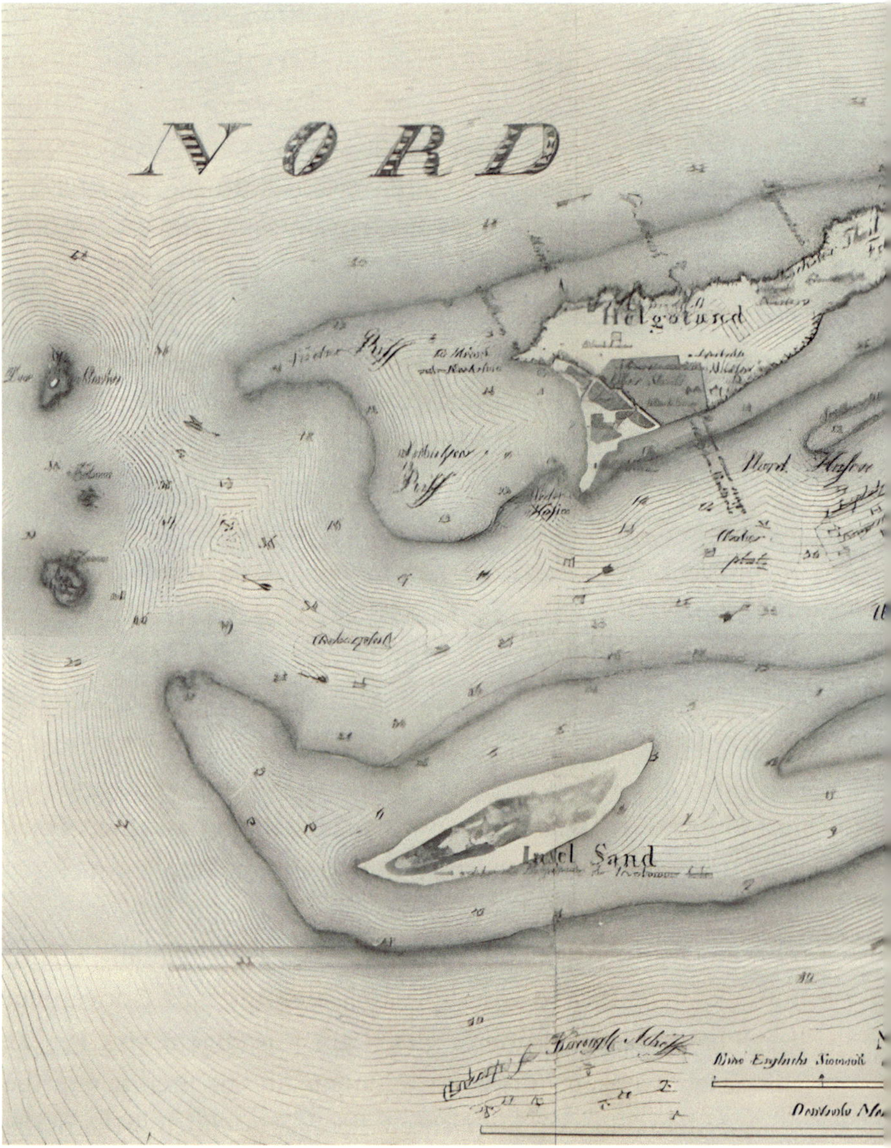

Historische Karte von Helgoland (1826)

SEE

und auch die Schiffe der Royal Navy sind von Helgoland nie zur Feindfahrt ausgelaufen. Trotzdem fielen in die Zeit der britischen Herrschaft große Umwälzungen.

Nach der verlorenen Seeschlacht von Trafalgar hatte der französische Herrscher Napoleon eine Wirtschaftsblockade gegen Großbritannien verhängt, die als »Kontinentalsperre« in die Geschichtsbücher einging: Alle Häfen im Westen Europas waren für Schiffe aus England oder den britischen Kolonien gesperrt; Waren von dort unterlagen einem Importverbot. Mit Helgoland bekam der Handel unverhofft ein Schlupfloch durch die Blockade. Denn Dänen und Franzosen kannten die tückischen Routen durch die Sände vor der deutschen Westküste nicht – die Helgoländer aber schon. Britische Kaufleute verschifften ihre Waren nach Helgoland, wo sie auf die kleineren Kähne der Insulaner umgeladen und zu den Häfen an der Küste gebracht wurden. Schmuggel ist die offizielle Bezeichnung für diese Dienstleistung, die sich zu einem ausgezeichneten Geschäft für die Helgoländer entwickelte.

Nur wirft bekanntlich jeder Boom auch seinen Schatten: Lagerplatz auf der Insel für die Waren aus Great Britain wurde bald knapp – und teuer. Wohnraum dito, die Preise für Immobilien sollen sich zeitweise verzehnfacht haben. Zudem verbrauchten die vielen Neuinsulaner viel mehr Wasser, als Niederschläge lieferten. Die Briten sollen angeblich größere Mengen Bier importiert haben, um den Mangel wettzumachen, was nach einer schönen Legende klingt, doch nicht in jeder Anwendung lässt sich Wasser durch Bier substituieren. Bevor die Bevölkerung und ihre Besatzer ernsthaft in Not gerieten, war es mit der Blütezeit des Schleichhandels allerdings auch schon vorbei. Mit dem Ende der Kontinentalsperre fuhren die Frachter wieder auf direktem Weg in die Elbe und in die Weser. Schluss mit Schmuggel.

Zum Glück hatte ein junger und dennoch bereits weit gereister Helgoländer eine Idee, wie es weitergehen konnte mit der goldenen Zeit. Jacob Andresen Siemens, Sohn eines Lotsen, machte eine Ausbildung zum Schiffbauer, er fuhr als Matrose zur See und gründete auf Helgoland eine Werft. Später machte er sich als Publizist einen Namen, der Bücher über das Lotsenwesen und die deutsche Kriegsmarine schrieb. Dieser junge Mann jedenfalls beobachtete mit Interesse, wie die Nordseeinseln Norderney, Wangerooge und Föhr die ersten Seebäder gründeten. Das konnten die Helgoländerinnen und Helgoländer auch: Strand hatten sie auf der Düne, Quartiere auf der Hauptinsel und reichlich frische, salzige Luft.

Siemens fand Kaufleute, die seine Idee einen Versuch wert fanden, und 1826 gründeten sie gemeinsam eine Aktiengesellschaft, die in eine erste rudimentäre Ausstattung investierte. Die Webseite des Helgoländer Rathauses erzählt heute von den Anfängen des Seebädertourismus: »In der ersten Saison standen auf der vorgelagerten Badedüne lediglich zwei Badekarren und ein kleiner hölzerner Pavillon, auf der Insel am Südstrand ebenfalls zwei Badekarren sowie vier Badewannen für warme Bäder und zwei Schwefelbäder zur Verfügung. Hinzu kam ein Aufenthaltsraum für die ›Kurgäste‹.

In den ersten 3 Jahren besuchten ›nur‹ knapp 100 Badegäste die Insel. Doch schon 1829 waren es 283, 1830 schon

335 Kurgäste – eine beachtliche Zahl angesichts der beschwerlichen Überfahrt.«

Die Sache kam ins Laufen. 1834 schickte die »Hamburger Dampfschiffs-Compagnie« ihre beiden Raddampfer »Elbe« und »Patriot« dreimal wöchentlich von Hamburg nach Helgoland, die ersten Seebäderdampfer, die erste vom Wind unabhängige regelmäßige Verbindung zur Insel. Es war eher eine gehobene Klientel, die sich die Reise auf die deutsche Hochseeinsel gönnte. Prominente kamen, deutsche Dichter und Denker, was den Erfolg des Vorhabens noch einmal beschleunigte. Heinrich Heine setzte nach Helgoland über, der Verleger Julius Campe auch, und August Heinrich Hoffmann von Fallersleben schrieb hier im August 1841 sein Lied »Deutschland, Deutschland über alles«.

Was mir den perfekten Absprung zur nächsten Kuriosität der bewegten Helgoländer Geschichte liefert: ein spektakuläres Tauschgeschäft zwischen Deutschen und Briten. Das Königreich, so geht die verkürzte, vereinfachte Version des Vertragswerks, sollte die ostafrikanische Insel Sansibar erhalten, wenn es im Gegenzug Helgoland dem Kaiserreich überließ. In England erhob sich der Chor der Entgeisterten: Wie, wir geben diese strategisch wichtige Position unmittelbar vor der deutschen Küste auf? Und in Deutschland tönten die Imperialisten, die noch vom Großreich nebst diverser Kolonien träumten: Wir tauschen ein Riesenreich in Afrika für eine »Badewanne«?

Tatsächlich ging es nicht um die Insel Sansibar, über das Berlin nie wirklich Herrschaft ausgeübt hatte, wie der Historiker Martin Krieger erklärt. Sondern um diverse »Gebietsansprüche an der kenianischen Küste sowie im Bereich des Victoriasees, die eine Gesamtfläche von immerhin drei Vierteln des deutschen Reichsgebiets ausmachten«. Im Gegenzug erhielt das Deutsche Reich noch den nach dem damaligen Reichskanzler benannten »Caprivi-Zipfel« am Sambesi – und eben Helgoland. Die »Arrondierung« ihrer Territorien in Ostafrika sei den Briten halt wichtiger gewesen als der rote Felsen in der Deutschen Bucht, sagt Krieger. Am 9. August 1890 gingen die letzten Vertreter des Vereinigten Königreichs, Gouverneur Arthur Barkly samt Familie, an Bord des Schiffs, das sie nach Hause brachte. Und die Helgoländer wurden plötzlich Deutsche, was sie nie zuvor in ihrer Geschichte waren. Die Londoner Abendzeitung »Pall Mall Gazette« hatte kurz vor der Übergabe in einer Umfrage von den Insulanern wissen wollen, was ihnen denn lieber sei. Eine Mehrheit hatte sich demnach für eine britische Regierung der Insel ausgesprochen. Vielleicht eine Vorahnung, denn es folgten schreckliche Jahrzehnte unter der Flagge des Deutschen Reichs.

Der Kaiser und seine Strategen sahen die Insel natürlich nicht als »Badewanne« für das gehobene, erholungsbedürftige Bürgertum, sondern als künftigen Flottenstützpunkt. Der Ausbau der Insel zur Seefestung begann unverzüglich. Ein neuer Anleger wurde gebaut, für den Umschlag von Baumaterial. In den roten Fels wurden Tunnel gebohrt, Gleisanlagen verbanden die Bunker tief im Fels. Und Helgoland bekam jetzt noch mächtigere Kanonen mit einer noch größeren Reichweite. 1908 wurde der Südhafen erweitert, als Wellenbrecher entstanden mächtige Molen, die noch heute das Hafenbecken einrahmen. Womit die Helgoländerinnen und Helgoländer wohl kaum gerechnet hatten: Am 1. August 1914 befahl Konteradmiral Leo Jacobson allen Helgoländern, binnen zwölf Stunden ihre Insel zu verlassen. Keine Zivilisten auf seiner Seefestung.

Das Trauma wiederholte sich. Nach der Machtübernahme durch die Nationalsozialisten rückten wieder die Ingenieure des Militärs an und begannen »Aufräumarbeiten«, die darin bestanden, die Infrastruktur der kaiserlichen Seefestung auf Vordermann zu bringen und nach dem neuesten Stand der Technik auszubauen. 1937 tüftelten Hitlers Baumeister an einer großen Lösung: ein Hafen, in dem die gesamte Flotte Platz findet. Hinter zwei Molen, die in einem Bogen kilometerweit nach Norden in die Nordsee reichen sollten. Wer die Zeichnung sieht, versteht den Decknamen des Projekts sofort: »Hummerschere«.

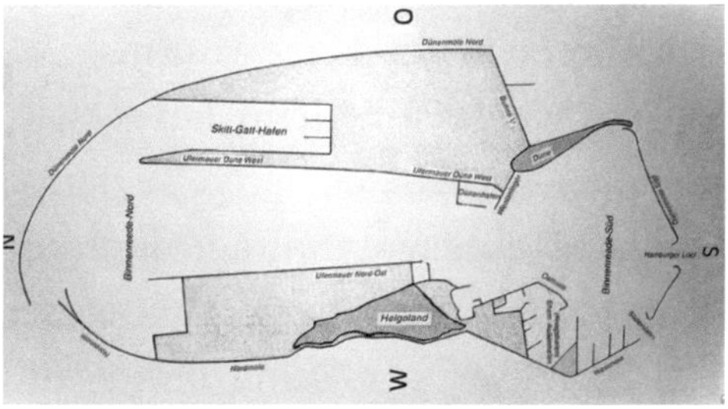

Bauplanung Hummerschere

Es blieb nicht bei der Planung, die Bauarbeiten für den Großumbau der Insel begannen 1938 tatsächlich. Das Bunkersystem im roten Fels wurde erweitert, es entstand eine Stadt unter Tage mit einem 14 Kilometer langen Stollensystem. Vor der Düne wurde Sand aufgespült, um genügend Platz für eine Landebahn zu schaffen. Die Nebeninsel bekam an der Westseite einen eigenen Hafen. Und außerdem begannen die Arbeiten an einem gigantischen U-Boot-Bunker mit drei Meter dicken Decken. Projektierte Bauzeit für die gesamte »Hummerschere«: 30 Jahre. Doch drei Jahre später gab es Prioritäten von höherem Rang. Die Bauarbeiten wurden eingestellt.

Am 18. und am 19. April 1945 erscheinen unser Randmeer und die kleine Insel aus rotem Fels noch einmal auf der Bühne des Weltkriegsgeschehens. An die 1000 Lancaster- und Halifax-Bomber starten von England und nehmen Kurs auf Helgoland. Die Bevölkerung kann rechtzeitig in die Schutzbunker fliehen, bevor die gesamte Bombenlast der Flieger auf ihre Insel niedergeht. Danach steht Helgoland in Flammen. Als die Menschen nach dem Inferno ins Freie kommen, liegt alles in Schutt und Asche. Ihre Insel ist erst einmal bis auf Weiteres nicht bewohnbar. Im Schutz der Nacht wird die gesamte Bevölkerung am 20. April ausgeschifft und nach Brunsbüttelkoog gebracht.

Auf den Tag genau zwei Jahre später – Nazi-Deutschland war besiegt – wollten die Briten vollenden, was sie in ihrer zweifachen Angriffswelle nicht geschafft hatten: Helgoland in einer letzten großen Sprengung endgültig zu »entmilitarisieren«, wie es in der offiziellen Sprachregelung hieß, um »am Tunnelsystem sowie am U-Boot-Bunker irreparable Schäden anzurichten«. Tausende Tonnen Sprengstoff und deutsche Munition aus dem Krieg sollten in der »Operation Big Bang« in die Luft gejagt werden – in der größten nichtatomaren Explosion der Geschichte. Von Land und an Bord von Schiffen beobachteten die Helgoländer bang das Drama auf ihrem

Felsen. Ein Rauchpilz schoss in die Höhe, mit kleiner Verzögerung erreichte sie der Donner der Detonation. Dann Jubel, als sich der Qualm verzog: Die Insel war noch da, sogar die Lange Anna stand, wo sie hingehört.

Die Freude war nicht ungetrübt. Denn auch wenn der poröse Buntsandstein, diese Anomalie aus den Tiefen des Nordseegrunds, die zerstörerische Energie des Sprengstoffs weitgehend geschluckt hatte, glich die Insel nach dem »Big Bang« einem Trümmerfeld. Ein großer Teil der Südspitze war eingestürzt, der große U-Boot-Bunker zerstört. Und die Briten dachten nicht daran, Helgoland zurückzugeben und seine Bewohner mit dem Wiederaufbau beginnen zu lassen. Die geschundene Insel war das perfekte Übungsziel für die Royal Air Force. Wieder und wieder flogen britische Flieger den Felsen an und warfen ihre Bomben ab. »In spite of considerable investigation, there was not one bomb place in Europe as suitable and available to bomber ground«, begründeten die Briten das fortgesetzte Bombardement – es habe in ganz Europa keinen Flecken gegeben, der sich so gut für Bombenabwürfe eignete und auch dafür zur Verfügung stand. Die Helgoländer im Exil appellierten an den Bundestag, an das Unterhaus, an den Papst – ohne Erfolg.

Erst vier Jahre später, nach zähen Verhandlungen, stimmten die Briten zu, Helgoland an seine Bewohner zurückzugeben – die Übergabe war für den 1. März 1952 terminiert. London beharrte allerdings auf einer Bedingung: Man müsse der Air Force dann eine Alternative für den Bombenabwurf zur Verfügung stellen. Kanzler Konrad Adenauer entschied sich für den Großen Knechtsand, eine Sandbank westlich von

Cuxhaven. Sollten die Briten dort ihre Bomben ins Watt werfen. Der Vertrag lief bis 1957; er wurde nicht verlängert.

Wer heute über das Oberland von Helgoland wandert, sieht allenthalben die Wunden, die der Krieg geschlagen hat. Metertiefe Krater, nur inzwischen von Gras überwachsen. Die Helgoländer haben sie nicht zugeschüttet. Am größten Loch hat man ein Schild am Boden befestigt: »Trichter einer 5000-Kilo-Bombe«. Ein einziges Gebäude hat alle Bombenabwürfe und Explosionen überstanden – der Flakleitstand auf dem Oberland. Der 35 Meter hohe Turm, aus dickem Stahlbeton gebaut, wurde 1952 als provisorischer Leuchtturm in Betrieb genommen. Seine Kennung steht mit Fl.W. 5 s in den Seekarten. Alle fünf Sekunden ein weißer Blitz. Es war das Zeichen der Helgoländer und Helgoländerinnen über der Nordsee: Wir sind wieder da.

* * *

Um 6.30 Uhr habe ich die Tonne Helgoland Ost querab, die Insel liegt im Kielwasser. Unter Groß und Fock nehme ich Kurs auf Spiekeroog. Wind mit drei Beaufort, das Boot läuft gut, ich schaukele gelassen in den Morgen. Als ich den ersten Dampfer-Highway erreiche, die Route der Schifffahrt von Hamburg in Richtung Ärmelkanal, ändere ich meinen Kurs so, dass ich das Fahrwasser der großen Pötte im rechten Winkel quere. Auf kürzestem Weg, wie vorgeschrieben. Gerade ist nur wenig Verkehr, von Steuerbord kommt die »Stolt Osprey«, ein knapp 100 Meter langer Chemikalientanker. Meine »Bijou« ist mit einem AIS-Empfänger ausgerüstet, er überträgt die Daten des »Auto-

Kegelrobben am Strand der Helgoländer Düne

matic Identification System«, die von jedem Schiff über Ultrakurzwelle ausgesendet werden, auf meine elektronische Seekarte. »Safe«, sagt AIS, keine Kollisionsgefahr. Doch eine Minute später springt die Anzeige auf »unsafe« um. CPA (Closest Point of Approach, der Punkt des geringsten Passierabstands) ist jetzt weniger als eine Zehntelseemeile, das ist zu eng. Ich ändere meinen Kurs deutlich, um hinter dem Heck des Dampfers durchzufahren.

Um 10 Uhr habe ich die Strecken der Berufsschifffahrt hinter mir und segele mit achterlichem Wind auf Spiekeroog zu. Als ich gerade den Spinnaker hochgezogen habe, kommt in einem seltsamen Winkel ein großer Containerfrachter auf mich zu. Schneller Blick auf die Seekarte: Verflixt, ich habe das Wangerooger Fahrwasser übersehen, das von der Ost-West-Route abzweigt und schräg auf die Jade zuläuft. AIS liefert die Daten: Das ist die »MSC Clara« auf dem Weg nach Wilhelmshaven. 396 Meter lang und mit 17 Knoten Fahrt gleich an dir vorbei. Du kommst ihr nicht in die Quere. Uff.

* * *

Im Juni 2022 erreichte der Stau die Nordsee. Corona hatte weltweit die Lieferketten durcheinandergebracht. Wegen des rigorosen Lockdowns wurden in China keine Container verladen. Zeitweise, rechnete mir das »Handelsblatt« vor, steckten elf Prozent aller weltweit verschifften Güter im Stau. Und jetzt waren auch die deutschen Häfen aus dem Takt gekommen. In der Deutschen Bucht, draußen vor Helgoland, ließ ein großer Containerfrachter nach dem anderen den Anker fallen. An

Bord Waren im Wert von mehreren Hundert Millionen, vielleicht sogar Milliarden Euro, die für Hamburg oder Bremerhaven bestimmt waren. Und diese großen Schiffe können ja nicht mal eben in einem anderen Hafen festmachen. Sie brauchen tiefes Wasser, Platz zum Wenden, viele Meter Kai und reihenweise Containerbrücken. In der ersten Septemberwoche lagen bereits 19 der Riesenfrachter auf Reede und warteten.

Normalerweise versammeln sie sich nicht so an einem Ort. Im Hamburger Hafen sind sie auf mehrere Terminals verteilt, ein paar sieht man auf Revierfahrt, wenn sie auf der Elbe stromabwärts oder -aufwärts dampfen, und die meisten befinden sich auf der Langstrecke nach Asien. Jetzt sind alle Häfen voll, und wir bekommen sehr konkret vorgeführt, wie viel Verkehr auf der Nordsee unterwegs ist – oder eben parkt. Und wie eng die globale Logistik getaktet ist.

Unser vergleichsweise kleines Randmeer des Atlantiks ist global gesehen eine der am häufigsten und dichtesten von Schiffen befahrenen Regionen der Weltmeere. 420 000 Schiffsbewegungen werden für die Nordsee im Jahr gezählt, allein in der Deutschen Bucht sind es 120 000, mehr als 30 000 Schiffe biegen in die Elbe ab, um in Brunsbüttel durch die Schleuse in den Nord-Ostsee-Kanal zu gehen und ihren Bestimmungshafen in der Ostsee zu erreichen.

Es macht sich vielleicht nicht jeder bewusst, dass heute 90 Prozent der Güter, die im Welthandel zirkulieren, auf dem Seeweg an ihr Ziel gelangen. Und die erstaunlichste Zahl findet sich in der Hafenstatistik. 80 Prozent des europäischen Handels wird allein über die vier Nordseehäfen der »Nordrange« umgeschlagen. Das sind im Jargon der Logistiker Rotterdam, Amsterdam, Hamburg und Bremen/Bremerhaven. Das gesamte europäische Hinterland bekommt seine Waren von Schiffen geliefert, die über die Nordsee fahren. Der Development Fund der Europäischen Union hat mit Daten der Europäischen Agentur für die Sicherheit des Seeverkehrs (EMSA) eine Karte anfertigen lassen, die zeigt, wie stark der Verkehr auf der Nordsee ist. Gesammelt wurden die AIS-Signale der Schifffahrt über einen Zeitraum von zwei Wochen, in diesem Fall im August 2016. Die Karte verdichtet das Verkehrsgeschehen, aus einzelnen Punkten werden Bahnen.

Die Strecken mit dem größten Aufkommen bündeln oder kreuzen sich am Ausgang des Ärmelkanals, das sind der Verkehr nach Großbritannien und die Schiffe, die einen der beiden Megahäfen Rotterdam und Antwerpen ansteuern. Dann die klaren Spuren an der Küste West- und Ostfrieslands entlang in die Deutsche Bucht, wo man das Verkehrstrennungsgebiet sehr deutlich erkennen kann, eine Spur für Schiffe nach Osten, eine, die nach Westen führt. Eine breite Bahn lässt die Deutsche Bucht rechts liegen und führt direkt in den Skagerrak, um die Nordspitze Dänemarks herum und in die Ostsee.

In einem zweiten Schritt haben die Grafiker die Meeresraumplanung (oder in der Kürzelsprache der EU-Bürokratie: MSP – Maritime Spatial Planning) über die tatsächlichen Verkehrsströme gelegt. In diesen Plänen legen die Staaten fest, wie die Flächen ihrer Ausschließlichen Wirtschaftszone genutzt werden sollen: für die Schifffahrt, Öl- und Gasförderung,

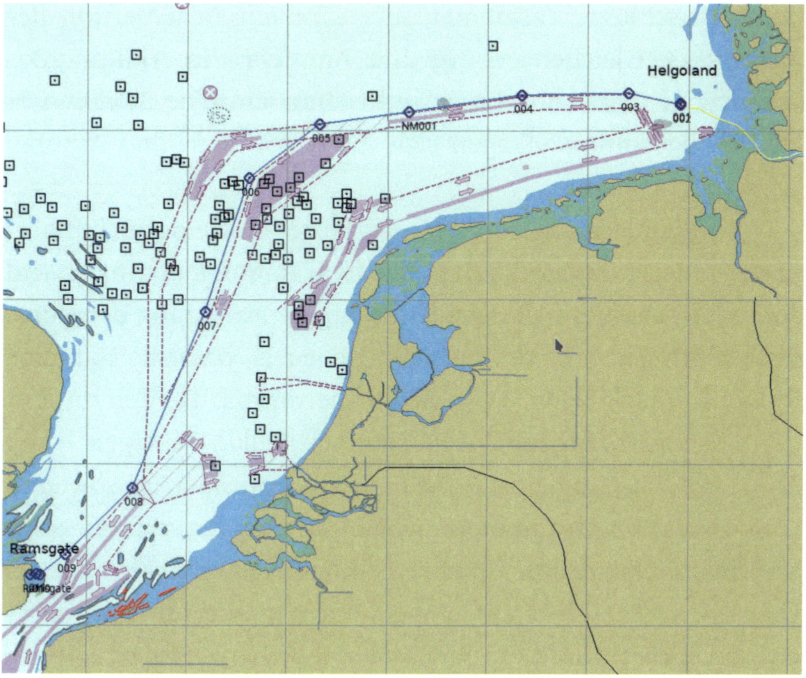

Verkehrstrennungsgebiete und Schiffsverkehr auf der Strecke Ramsgate – Helgoland

Windparks, Naturschutz, Manöver der Marine, Forschung. Und auf einmal wird es noch enger auf der Nordsee. Aus Bahnen in offenem Wasser werden nämlich – sobald die Windparks, die aktuell geplant sind, stehen – Korridore, die kein Ausweichen mehr nach links oder rechts erlauben. Die Auftraggeber des Kartenwerks bemängeln im Fazit ihrer Untersuchung »Diskrepanzen«. Vor der Küste Dänemarks ragt ein Feld für Windturbinen weit über die Route der Schifffahrt hinaus. Vor der Küste der Niederlande und Deutschlands passt eine geplante Veränderung der Schifffahrtsroute nicht mit dem »Anschluss« zusammen, der direkten Ansteuerung des Skagerraks. Gleichen die Nordsee-Anrainer ihre »MSP« auch wirklich in Gänze ab? Oder werden nur einzelne Sektoren bilateral abgestimmt? Fragen sich die Autorinnen und Autoren der Verkehrsanalyse.

Wenn ich lese und auf den Karten sehe, wie der Schifffahrt in der »Meeresraumplanung« der freie Raum genommen wird, spüre ich schon ein Unbehagen. Klar, die Abbildung der Kurse, die tatsächlich gefahren wurden, zeigen ja, dass die Kapitäne festen Bahnen folgen. Dass sie auf bewährten Routen an Hindernissen vorbeisteuern, dass sie auch heikle Passagen – wie etwa den Ausgang des Ärmelkanals – routiniert absolvieren. Und angesichts der immensen Zahl an Schiffen auf der Nordsee muss man der Schifffahrt bescheinigen, dass sie sehr sicher ist. Doch wenn auf einem Frachter oder einem Tanker etwas schiefgeht und ein Problem so eskaliert, dass es zu einer Havarie kommt, dann drohen Gefahren von unvorhersehbaren Dimensionen.

Zwei Beispiele, eines liegt schon länger zurück, das andere ist ganz aktuell.

25. Oktober 1998: Der Frachter »Pallas«, im schwedischen Hudiksvall mit Schnittholz beladen, das er in Marokko abliefern soll, läuft vor der Küste Dänemarks in schwerem Wetter südwärts. In Höhe der Hafenstadt Esbjerg bemerkt der Kapitän Rauchschwaden an Deck. Er macht alles richtig. Alarmiert Küstenwache und Seenotretter, bereitet seine Crew auf den Seenotfall vor. Flutet die Laderäume mit Kohlendioxid, um die Flammen zu ersticken, und geht auf einen Kurs vor dem

Wind, damit das Feuer nicht auf die Aufbauten überspringt. Aber der stürmische Wind facht den Brand wieder an. Der Kapitän legt das Schiff quer zu den Wellen und lässt die Lashings kappen, mit denen die Ladung an Deck gesichert ist, damit die Wellen sie über Bord spülen. Trotzdem fressen sich die Flammen bis zum Deckshaus nach achtern. Da setzt die »Pallas« ihren Notruf ab: »Mayday, mayday, motorvessel Pallas, C6LO9, fire on deck, 17 persons on board, request immediate assistance in position twenty nautical miles west of Esbjerg.«

Bergungsversuch Frachter »Pallas«

Die Crew wird abgeborgen, dabei stirbt ein Mann an einem Herzversagen. Die deutschen Behörden schicken ihr Mehrzweck- und Gewässerschutzschiff »Mellum«, dessen Kapitän es sogar gelingt eine Schleppverbindung herzustellen. Doch die Trosse bricht, und die glühende »Pallas« driftet unkontrolliert auf die Insel Amrum zu, wo sie am 29. Oktober auf Grund läuft. Öl tritt aus und verseucht das Watt. Tausende Seevögel kommen um. Sofort ist Kritik am Notfallmanagement der Behörden zu hören. Warum haben die Dänen das Schiff nicht gleich nach Esbjerg gebracht? Wieso wurde dann nicht der deutsche Hochseeschlepper »Oceanic« angefordert, der für solche Einsätze bereitliegt und viel besser geeignet ist als das Behördenschiff »Mellum«? Als Konsequenz aus dem Unglück nimmt am 1. Januar 2003 das neu gegründete Havariekommando seinen Dienst auf, das künftig alle Havarien im deutschen Bereich der Nord- und Ostsee zentral von seinem Stützpunkt in Cuxhaven aus koordinieren soll.

Fremantle Highway © kees torn / WikiCommons CC BY-SA 2.0

Schauen wir uns bei dem zweiten Fall an, wie Notfallhilfe in der Nordsee heute abläuft: Am 25. Juli 2023 legt die »Fremantle Highway« in Bremerhaven ab. Der unter der Flagge Panamas fahrende Spezialfrachter hat 3783 Autos geladen, darunter sind knapp 500 mit Elektroantrieb, außerdem Lastwagen und Baumaschinen. In der folgenden Nacht – das Schiff befindet sich zu diesem Zeitpunkt 15 Seemeilen nördlich der Westfriesischen Insel Ameland – bricht Feuer auf einem der Autodecks aus. Die Crew bekommt die Flammen nicht unter Kontrolle und muss abgeborgen werden. Sieben Männer springen in Panik von der fast 30 Meter hohen Bordwand ins Wasser, dabei kommt ein Seemann ums Leben. Der Frachter driftet unkontrolliert gen Westen. Die Niederländer schicken Bergungsschlepper, auch die deutsche »Nordic« ist zeitweise im Einsatz. Den Brand zu löschen gestaltet sich schwierig. Wenn zu viel Wasser in den Rumpf gelangt, droht der hochbordige Frachter zu kentern und zu sinken – und das will man unmittelbar vor dem Westfriesischen Wattenmeer unbedingt vermeiden. Die Helfer müssen sich darauf beschränken, den Rumpf des Frachters von außen zu kühlen.

Auf der Höhe von Terschelling gelingt es Havariespezialisten, an Bord zu gehen und eine belastbare Schleppverbindung herzustellen. Der Frachter liegt auf einer Position, die doppelt gefährlich ist: nah an der Hauptroute der Schifffahrt und vor den Naturschutzgebieten des Wattenmeeres. Für den Fall, dass der durchgeglühte Stahl der »Fremantle Highway« bricht und das Schiff kentert, befürchten Experten schlimmste Folgen für die Umwelt. Doch zum Glück schaffen es niederländische Schlepper zwei Tage später, den Havaristen auf eine Position nördlich von Schiermonnikoog zu bringen, wo er sicherer liegt. Es dauert weitere drei Tage, bis sich die Behörden entscheiden, die »Fremantle Highway« nach Eemshaven an der Emsmüdung schleppen zu lassen.

Die Umweltkatastrophe ist abgewendet, der ausgebrannte Frachter hängt mit deutlicher Krängung an einer Pier im Hafen. Und die Experten beschäftigen zwei Fragen: Was hat den Brand ausgelöst, und warum haben die bordeigenen Löschsysteme ihn nicht stoppen können? Als Ursache, so lauteten erste Spekulationen, könnte die Selbstentzündung eines Elektroautos infrage kommen. Aber die Brandforscher winken ab: Die E-Autos standen auf den unteren Decks und sind weitgehend unbeschädigt, das Feuer brach auf einem der darüberliegenden Decks aus. Und die zweite Frage richtet sich auf mögliche Konsequenzen aus der Havarie: Muss man Gefahrguttransporte wie diesen nicht auf Routen weiter draußen vor der Küste verbannen? Muss man das Konzept der Routenführung in der Nordsee überdenken? Denn auch das beste Katastrophenmanagement kann nicht verhindern, dass ein Havarist – wenn auch nur vorübergehend – unkontrolliert in Schifffahrtswege, Windparks oder Naturschutzzonen treibt

Welche Handlungsmöglichkeiten gibt es denn, wenn in den künftigen Korridoren zwischen den Windparks ein großer Frachter oder Tanker außer Kontrolle gerät und auf Drift geht? Wie viel Zeit und Platz bleibt, um ihn wieder einzufangen? Um größeres Unheil zu verhindern? Die Vorstellung, dass man Havarien »managen«, dass man jedes Unheil aufhalten kann, ist und bleibt eine Illusion. In Extremsituationen auf See, im Sturm, sind selbst die größten Schiffe der Welt Bedingungen ausgesetzt, die sich nicht kontrollieren lassen. Im Englischen gibt es eine Redensart, die besagt, man müsse immer einen »margin for error« lassen, einen Spielraum, in dem auch Fehler passieren dürfen, ohne dass es gleich zu einer Katastrophe kommt. Bei der Schifffahrt in der Nordsee ist dieser Raum schon jetzt sehr eng. Und er wird noch enger.

* * *

Der Februar 2022 war ein Monat der Orkane. »Ylenia« machte am 16. Februar den Anfang, es folgte zwei Tage später »Zeynep«, und dann fegte am 20. auch noch »Antonia« über die Nordsee. Drei gewaltige Sturmtiefs. Windgeschwindigkeiten in

Böen bis 169 km/h. Eine schwere Sturmflut mit 3,75 Meter über dem mittleren Hochwasser. Fähr- und Flugverbindungen werden gestrichen, die Bahn stellt in Norddeutschland den Betrieb ein. Und das Video einer Hafenfähre, der auf der Elbe in einer Hammerwelle das vordere Panoramafenster eingeschlagen wird, verbreitet sich in den sozialen Medien rasend schnell.

Trotzdem gibt es Menschen, die an solchen Tagen jubeln: die Betreiber von Windstrom-Anlagen. In einem Online-Newsportal der Energiewirtschaft lautet eine Überschrift am Nachmittag des 18. Februars, und da tobte »Zeynep« noch: »Orkan- und Sturmtiefs sorgen für viel Windstrom und niedrige Strompreise.« Eine Offshore-Windanlage moderner Bauweise kann sehr viel Wind ab. Erst bei mehr als Windstärke elf auf der Beaufortskala – das ist eine Geschwindigkeit von 30 bis 35 Meter pro Sekunde oder etwa 120 km/h – werden die großen Flügel vorsichtig aus dem Wind gedreht, damit sie nicht mehr dem vollen Druck der Böen standhalten müssen. Die meisten modernen Anlagen mit einer sogenannten Pitch-Regelung nehmen die Rotorblätter bereits vorher sukzessive aus dem Wind, wenn die Nennleistung erreicht ist und mehr Drehzahl nicht mehr Strom bringt.

Aktuell wollen gerade alle Nordsee-Anrainer raus auf See und dieses gewaltige Energiereservoir anzapfen, das der Wind uns schenkt. »Die Nordsee kann das größte Kraftwerk der Welt werden«, frohlockte Kanzler Olaf Scholz unlängst beim Gipfel der Anrainerstaaten im belgischen Ostende. Binnen sieben Jahren, lautet der dort im April 2023 gefasste Beschluss, soll sich die installierte Windenergiekapazität in etwa vervierfachen und bis 2050 gar verzehnfachen. Die Nordseekraftwerke würden dann so viel Strom liefern wie 300 Atomkraftwerke.

Historisches Windrad

© Elektrotechn. Zeitschrift 1907

Man darf es eine Ironie der Geschichte nennen, dass ausgerechnet die Windenergie jetzt dazu auserkoren ist, die konventionellen, mit fossilen Brennstoffen betriebenen Kraftwerke zu ersetzen. Denn Kraft aus bewegter Luft war schon einmal der wichtigste Antrieb an den Küsten der Nordsee – bis zur Erfindung der Dampfmaschine und zum Siegeszug der Verbrenner im 19. und 20. Jahrhundert. Wind bewegte nicht nur vollkommen emissionsfrei die riesigen Flotten aller europäischen Handelsnationen, er lieferte auch an Land zigtausend Mühlen und Pumpen und Sägen und Hämmern den Antrieb. Wo Flüsse oder Bäche mit ausreichend Gefälle als Antrieb für eine Wassermühle fehlten, wie eigentlich überall an den tief liegenden Küsten der Nordsee, war in der vorindustriellen Zeit die Windkraftmaschine die einzige Alternative zur Muskelkraft. In den Niederlanden, wo viele tief liegende Felder entwässert werden mussten, waren Windmühlen seit dem 14. Jahrhundert ein unübersehbares Detail des Landschaftsbilds. Auch in Großbritannien, an der deutschen Nordseeküste und in Dänemark drehten sich viele Tausend Mühlen.

Der dänische Meteorologe Poul la Cour hat früh entdeckt, wie sich das traditionelle Konzept der Windkraftanlage in die moderne Zeit übertragen lässt. Aus familiären Gründen hatte es ihn 1878 nach Askov verschlagen, einen Flecken in Jütland auf halber Strecke zwischen Esbjerg und Fredericia, wo er an einer Volkshochschule Mathematik und Physik unterrichtete. In den größeren Orten Dänemarks war Ende des 19. Jahrhunderts die Elektrifizierung schon angekommen, doch kleine Orte wie Askov waren noch nicht an die Netze angeschlossen. Was wäre denn, dachte la Cour, wenn man in solchen abgelegenen Gegenden die bewährte Technik der Windkraftanlage so modifiziert, dass man damit elektrische Energie erzeugen kann? Und dann auch die Landbevölkerung mit Strom versorgt? Er beantragte und erhielt die Genehmigung, an der Schule eine Versuchsanlage aufzubauen. Auch für die Frage, wie er die elektrische Energie speichern konnte, hatte la Cour eine Antwort, die seiner Zeit weit voraus war: indem man per Elektrolyse Wasserstoff gewinnt. Natürlich ersann er gleich auch noch eine Gasleuchte, die man mit dem windgewonnenen Wasserstoff betreiben konnte.

La Cour war natürlich nicht der Einzige, der früh an der Nutzung der Energie forschte, die im Wind steckt, in Österreich war man auch dran, in den USA, in Deutschland. Umso verwunderlicher ist es eigentlich, dass es so lange gedauert hat, bis diese Technologie wiederentdeckt und weiterentwickelt wurde.

Wobei: Es erscheint vielleicht nicht mehr ganz so erstaunlich, wenn man sich ein aberwitziges Detail aus der Geschichte der Windenergie in Erinnerung ruft: Ich sehe jedenfalls noch vor mir, wie in den Achtzigern ein besonders gelungenes Acronym Schlagzeilen machte. Der Growian! Eigentlich hätte er natürlich den weiblichen Artikel verlangt: die Große Windkraftanlage, Gro-wi-an. Aber er ist vom Klang her so nahe am Grobian, dass die meisten Menschen ihm automatisch ein »der« verliehen haben. Growian war der unselige deutsche Versuch, bei der Fortentwicklung der Windenergie ein paar Stufen zu überspringen und gleich einen Superlativ abzuliefern. Mit einem Flügeldurchmesser von 100 Metern und einer Nabenhöhe von ebenfalls 100 Metern war Growian nicht nur groß, sondern zu seiner Zeit die größte Windkraftanlage der Welt. Am 6. Juli 1983 nahm sie im Kaiser-Wilhelm-Koog in Dithmarschen ihren Probebetrieb auf, aber funktioniert hat sie nie richtig. Wegen zahlreicher, gravierender Konstruktionsfehler waren die auftretenden Lasten zu groß, es gab ständig Materialprobleme, und als ein vier Tonnen schweres Kugellager im Testbetrieb heißlief und ersetzt werden musste, zog das Forschungsministerium die Reißleine: keine weiteren Gelder.

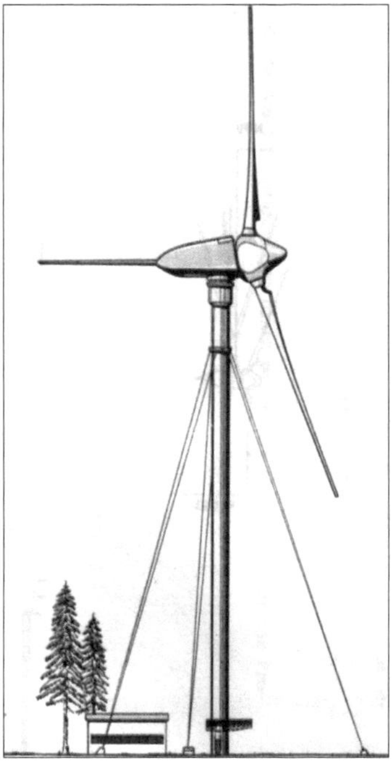

Growian © H. Mitschel

Growian erwies sich als gigantischer Fehlschlag – und es kam damals schnell der Verdacht auf, dass es der Industrie und auch der Politik ganz recht war so. Von Hans Matthöfer (SPD) – 1974 bis 1978 Forschungsminister im Kabinett Helmut Schmidts – ist jedenfalls der böse Spruch überliefert, man wisse wohl, dass der Versuch nichts bringe, »aber wir machen es, um den Befürwortern der Windenergie zu beweisen, daß es nicht geht«. Bei RWE, damals immerhin Partner in der Growian GmbH, klang es ähnlich: »Wir brauchen Growian«, hörte ein Reporter der »Welt« 1981 von Vorstandsmitglied Günther Klätte, »um zu beweisen, dass es nicht geht.« Growian, führte Klätte weiter aus, sei »so etwas wie ein pädagogisches Modell, um Kernkraftgegner zum wahren Glauben zu bekehren«.

Nach der Ära der Verhinderer kommt nun also das Zeitalter der Beschleuniger. Deutschland hat es sich zum Ziel gesetzt, bis 2030 auf dem Meer – Nord- und Ostsee zusammengerechnet – Windkraftanlagen mit einer Gesamtleistung von 30 Gigawatt zu errichten. Derzeit sind es knapp über acht Gigawatt, es müssten in den nächsten sieben Jahren also gut sieben Gigawatt pro Jahr dazukommen. Jemand, der mehr davon versteht als ich, hat das hochgerechnet: Jedes Jahr müssten 250 neue Rotoren aufgestellt werden.

Wem jetzt die Zahl 250 nicht besonders imponierend vorkommt, dem sei eine Wanderung auf dem Klippenrandweg auf Helgoland empfohlen und der Blick nach Norden. Da liegt der Windpark Meerwind Süd | Ost. Er nimmt eine Fläche von 40 Quadratkilometern ein, auf der insgesamt 80 Windenergieanlagen mit einer Nennleistung von jeweils 3,6 Megawatt stehen.

Das sieht schon aus der Ferne wie sehr viel Windpark aus, wie viel verbaute Nordsee.

Die Anlagen von Siemens Gamesa, die dort montiert wurden, haben enorme Dimensionen. Die Gondel mit dem Generator sitzt in einer Höhe von 90 Metern, die drei Rotoren haben eine Länge von jeweils 60 Metern, und das Gesamtgewicht der Anlage beträgt 435 Tonnen. Die stellt man nicht mal so eben in den Nordseeschlick, die brauchen ein Fundament, das aufwendig in den Untergrund getrieben werden muss. Reine Bauzeit für den Meerwind-Park lag bei zwei Jahren.

In der Politik wünschen sie sich, dass es jetzt schnell geht, am besten noch schneller. Doch die Signale aus der Industrie klangen zuletzt pessimistischer: Die für die Ausbaupläne benötigten Kapazitäten existieren im Moment gar nicht, und selbst die bestehenden werden aktuell nicht ausgenutzt. Weil so viele Faktoren gerade nicht passen: Die Materialkosten steigen, die Zinsen ebenso, es fehlen Spezialschiffe für den Transport der gewaltigen Rotoren und für den Bau der Windparks, und außerdem treiben chinesische Windanlagenbauer – vom Staat hoch subventioniert – alle in einen ruinösen Preiswettbewerb.

Vielleicht ein guter Moment, vor der großen Offensive kurz innezuhalten und zu überlegen, ob es auch gut ist, wie aktuell geplant wird. Die Notwendigkeit ist offensichtlich, Offshore-Windkraft spielt eine Schlüsselrolle im Großvorhaben Energiewende. Aber wiederholen wir nicht manche der Fehler, die wir im Ölzeitalter produziert haben?

Nehmen wir an, die Umsetzung gelingt, und es stehen demnächst wie projektiert 25 000 oder sogar 30 000 der gigantischen Windkraftanlagen in der Nordsee. Welche Folgen hat das? Die Nordsee ist ja nicht nur Industriefläche, sie ist ein Lebensraum. Wir teilen ihn uns mit sehr vielen anderen Lebensformen. Ist das hinreichend erforscht? Sind uns die Konsequenzen bewusst? Im Goldrausch der Ölkonzerne stand diese Überlegung recht weit hinten, und ich frage mich, ob wir nicht gerade wieder nur wichtige Ressourcen sehen – und das Leben, die Natur der Nordsee als dekorative Begleiterscheinung.

Es ist und bleibt eine Abwägung. Wie weit darf man gehen für ein wichtiges Projekt wie die Energiewende? Wie viel Leid können wir beispielsweise Schweinswalen zumuten beim Bau der Anlagen? Eine Studie des Instituts für terrestrische und aquatische Wildtierforschung (ITAW) mit Niederlassung in Büsum belegt, dass der Lärm bei den Bauarbeiten den kleinen Walen die Orientierung raubt, dass Offshore-Windanlagen sie stressen und aus ihrem Lebensraum vertreiben, was langfristig den Bestand der Population bedroht. Man müsse, sagt Studienleiterin Ursula Siebert, bei der Planung künftiger Windparks unbedingt die Auswirkungen der Arbeiten für die Schweinswale miteinbeziehen. Wie antwortet die Industrie? Mit Whataboutism: Verschmutzung sei doch auch schlimm für die Wale, die Fischerei sowieso, dann das Militär – das müsse man doch alles mit berücksichtigen!

Immerhin, einige Baustellen arbeiten jetzt mit sogenannten Blasenschleiern. Dabei wird rund um ein Bohrloch ein Vorhang aus gesprudelter Luft gezogen, was den Lärm reduzieren soll.

Aber es geht ja auch um mehr als nur die Wale, es geht um den Lebensraum Nordsee insgesamt. Auch Meeresforscherin

Ursula Siebert zweifelt nicht am Sinn der Energiewende, aber sie sagt: Wir müssen maßhalten beim Ausbau der Offshore-Industrie, Biodiversität schützen. »Und das bedeutet: Wir müssen neue Konzepte für die Nutzung der Meere anwenden, und wir müssen bestimmte Lebensräume uneingeschränkt den Tieren überlassen.«

Hat schon jemand diese neuen Konzepte? Haben wir alle Folgen unseres Tuns überhaupt verstanden? Ich selbst habe mir beispielsweise vorher nie Gedanken darüber gemacht, was es denn für das Ökosystem Nordsee eigentlich bedeutet, wenn man dem Wind Energie nimmt, bis ich einen Artikel von Harff-Peter Schönherr in der »taz« gelesen habe über eine Studie des Helmholtz-Zentrums Hereon am Institut für Küstensysteme in Geesthacht. Ja, die Rotoren bremsen den Wind, sie nehmen ihm kinetische Energie, hinter den Windkraftanlagen entstehen Wirbelschleppen, kilometerlang. Mit dem Resultat, dass weniger Energie auf das Meer übertragen wird. Strömungen verlieren an Schwung oder ändern die Richtung. Das Wasser wird weniger stark durchmischt. Was die Verteilung von Plankton beeinflusst. Den Salzgehalt. Und die Temperaturschichtung im Wasser. Corinna Schrum, die Leiterin des Instituts, will gar nicht alarmistisch klingen. Sie sagt der »taz«: »Diese Anlagen sind Strukturen, die vorher nicht da waren, und natürlich hat ihr Bau Auswirkungen. Wir werten das nicht. Wir generieren Wissen.«

Davon mehr, bitte. Denn solche – möglicherweise bislang nicht bedachten – Auswirkungen werden bald noch größere Bereiche der Nordsee betreffen.

Wobei wir diese wichtige Frage noch nicht beantwortet haben: Wo ist denn eigentlich noch Platz für die vielen Tausend Windkraftanlagen? Wie vertragen sich die Interessen, die vor der Küste aufeinandertreffen? Tourismus und Rotoren? Fischerei und riesige Windparkflächen? Schifffahrt und verbaute Buchten? »Es gibt kaum ein Meer, das so voll ist«, sagt Carola Hein, Professorin der Technischen Universität Delft, die gerade ein Buch über die »Urbansierung der See« veröffentlich hat. Ihre These: Die Nordsee kann nicht mehr als ein freier Raum gedacht werden, das Land setzt sich mit seiner vielfältigen Nutzung der See jenseits der Küsten fort, ja noch weit über die 12-Meilen-Zone hinaus. Das gelte vor allem für die Windparks, die direkt mit dem Land vernetzt sind: »Mit dem Aufstellen der Windkraftanlagen ist der Bereich, den wir Offshore nennen, mehr als nur eine Quelle für Rohstoffe oder eine Oberfläche, über die wir Güter transportieren. Er wird Teil des urbanen Industrie-Energie-Komplexes.«

Wie intensiv die Nutzung der Nordsee heute schon ist, wurde mir erst deutlich, als ich mir auf der Webseite des Bundesamts für Seeschifffahrt und Hydrographie (BSH) die aktuelle »Meeresraumplanung« angesehen habe. Allein der Umstand, dass es eine solche Planung gibt, spricht Bände. Zu

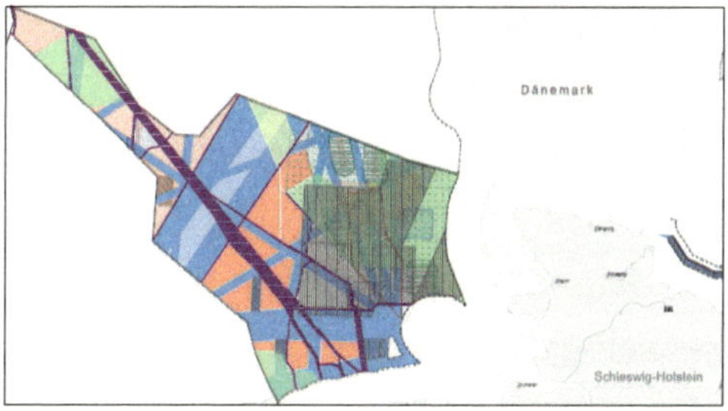

Grafik wirtschaftlicher Nutzungen im deutschen »Entenschnabel« © BSH

bestaunen ist die deutsche AWZ, die Ausschließliche Wirtschaftszone, mit ihrem sonderbaren »Entenschnabel«.

Die AWZ ist komplett mit Flächen in unterschiedlichen Farben ausgemalt, die sich teilweise noch überlappen. Jedes »Interesse« an einer Nordseenutzung hat seine eigene Farbe oder Schraffur. Die Schifffahrt ist Blau – sie hat geräumige Korridore, die parallel zur Küste verlaufen und sternförmig gen Norden, Nordwesten und Westen; dazu kommen noch kleinere Querverbindungen. Violett sind Gaspipelines, sie kommen aus dem Nordwesten, von den norwegischen Förderplattformen, und laufen auf die Küste von Ostfriesland zu, nach Dornum und nach Emden. Grün sind Naturschutzgebiete, im Bereich der Doggerbank und im Wattenmeer. Außerdem haben Rohstoffgewinnung, Sandentnahme, Forschung, Fischerei und Verteidigung eigene Flächen. Was dazwischen noch frei ist, vor den Ostfriesischen Inseln, zwischen den großen Schifffahrtsrouten und in der Spitze des Entenschnabels, leuchtet in Orange. Da sollen die nächsten Windparks stehen. Das BSH erläutert seine Flächenwirtschaft so: »Die vielfältigen wirtschaftlichen Nutzungen können sowohl zu Konflikten untereinander als auch mit den Zielen des Umwelt- und Naturschutzes führen. Nord- und Ostsee stellen einen wichtigen Lebensraum für bedeutende Säugetier-, Fisch- und Vogelarten sowie für eine Vielzahl an Bodenlebewesen dar, der geschützt werden muss. In diesem Spannungsfeld aus Wirtschaft, Wissenschaft und Umwelt wirkt die Meeresraumordnung (MRO) als vorausschauendes Planungsinstrument, das die ständig zunehmende Nutzungsintensität ordnet und Nutzungsinteressen und Schutzansprüche koordiniert.«

Schwimmende Windradanlage in Norwegen

In Deutschland hat man sich entschieden, die Windparks hinter den Horizont zu stellen, oder wenigstens so weit vor die Küste, dass man nicht sehen kann, wie mächtig diese Anlagen, wie ausgedehnt die Windparks sind. Es bleibt für den Touristen die Illusion vom Meer als der letzten Wildnis auf Erden, von Weite und Freiheit der offenen See.

Dabei ist die Nordsee schon lange nicht mehr offene See; wir haben uns das Randmeer des Atlantiks systematisch verbaut. Das offene Meer heißt heute Offshore, und das ist ein Synonym für Industrie zur See. Statt Wildnis haben wir Windparks. Noch brauchen sie festen Untergrund, aber ich lese schon, dass es vor Schottland und Norwegen in tiefem Wasser die ersten Versuche mit schwimmenden Anlagen gibt. Im Åmøy-Fjord bei Stavanger ist ein zylindrischer Schwimmkörper verankert, Tiefgang 100 Meter, auf dem eine große Siemens-Windkraftanlage montiert ist. Läuft ohne Probleme, hält sogar Sturm und Riesenwellen stand. Vor dem schottischen Peterhead sind in der Nordsee gleich fünf solcher Türme auf Schwimmern installiert. Es ist der britische Windpark mit der besten Auslastung.

Geht doch, möchte man denken, wir schaffen das mit der Energiewende. Wir haben mit dem Wind über der Nordsee

Windpark Meerwind nordöstlich von Helgoland

bald das größte Kraftwerk der Erde. Aber es nagen auch Zweifel. Wäre es nicht schön, wenn wir irgendwo Ecken in der Welt behielten, für die es noch keinen Raumordnungsplan gibt? Die einfach sind, wie sie sind, und so einen raren Blick gewähren auf Dinge, die von Ewigkeit sind? Oder wenigstens den Kräften des Planeten überlassen? Die Ozeanforscherin, die den Stress der Schweinswale untersuchte, hat es auch so gesagt: Lasst den Tieren ein Refugium. Einen Raum, in den ihr nicht eingreift.

Solche Meeresschutzgebiete gibt es im Prinzip, auch in der Nordsee. Das Konzept der Schutzzonen: Hier bleibt die Artenvielfalt bewahrt – oder kann sich regenerieren, wo sie durch das Wirtschaften des Menschen Schaden genommen hat. Überfischte Populationen können sich so weit erholen, dass auch in den angrenzenden Fischgründen wieder größere Fänge in die Netze gehen. Ehrgeizig hat sich die Politik vorgenommen, bis 2030 auf allen Weltmeeren 30 Prozent der Flächen unter einen solchen Schutz zu stellen. Aktuell, monieren Naturschützer, sind es global etwas weniger als acht Prozent. Wobei nur zwei Prozent der Schutzgebiete wirklich »No Take«-Zonen sind – also gar nicht von Fischern genutzt werden dürfen.

Deutschland trumpft auf dem Papier mit einem hohen Anteil auf, 45 Prozent seiner Küstengewässer und der Ausschließlichen Wirtschaftszone sind offiziell unter Schutz gestellt. Doch das deutsche Regelwerk erlaube allerhand Ausnahmen, klagen Naturschutzorganisationen wie die Deutsche Stiftung Meeresschutz und WWF. Noch werde in den Schutzgebieten nach Sand und Kies gebaggert, gefischt – und im Naturpark

Wattenmeer sogar nach Öl gebohrt. Nichts davon verträgt sich mit der ursprünglichen Idee eines Meeresschutzes. »Besorgniserregend«, findet der Nabu die »viel zu unkonkreten Maßnahmenvorschläge«, es fehle die »konkrete Umsetzung von Schutzverpflichtungen«.

Wir müssten uns entscheiden, die Herrschaft über einige Reviere ganz aufzugeben. Das Meer ein bisschen schützen und gleichzeitig nutzen geht wohl nicht. Die Landschaft muss wieder Wildnis sein dürfen.

* * *

Kaum liegen die Hafenmauern von Seahouses im Kielwasser, taumelt unser Boot in den Wellen der Nordsee. Es dauert keine fünf Minuten, und die ersten Passagiere, ein Dutzend sind an Bord, schauen nur noch nach innen. Was gegen Seekrankheit überhaupt nicht hilft, aber vielleicht halten sie durch. Bis zu den Farne Islands vor der Küste von Northumberland im Nordosten Englands sind es nur wenige Meilen.

Eine kurze Seefahrt also, aber sie fühlt sich an wie eine Reise mit der Zeitmaschine in eine Welt weit vor unserer Zeit. Die erste Insel des Archipels taucht vor dem Bug des Kutters auf. Schwarzgrauer Fels, ein basaltähnlicher Stein, weiß bekleckert. Von den einzigen Bewohnern der Inseln, den Seevögeln. Sie kreischen so laut, als wir näherkommen, dass ich den Diesel unseres Boots nicht mehr hören kann.

Bleigrau das Meer, dunkel der Himmel. Gischt kommt über. Mit hektischem Flügelschlag zischen kleine, plumpe Vögel an uns vorbei, Papageitaucher.

An Backbord liegt jetzt das Südufer von Inner Farne. Oben auf dem schwarzen Fels steht ein stämmiger Leuchtturm, daneben das Haus des Leuchtturmwärters, eine solide Mauer umgibt das Areal. Alles ist strahlendweiß getüncht, als wollten die Bauherren noch unterstreichen, dass ihr Werk aus einem anderen Universum stammt. Der Kutter ändert jetzt seinen Kurs und biegt nach links ab in den Sund zwischen Inner Farne und Knoxes Reef. Kegelrobben liegen im Tang auf einem flachen Fels an Steuerbord. Träge heben sie kurz die Köpfe.

Unser Skipper drosselt die Maschine, mit langsamer Fahrt gleitet sein Kutter auf einen Anleger zu. Eine kurze Mole aus Beton, kürzer als das Boot, sie ist auch nur dazu gedacht, Passagiere abzusetzen; der Kutter fährt gleich wieder los. Ein Pfad führt zu einer Kapelle. Aus grobem Naturstein gemauert, mehr Hütte als Haus, mit den spitzen Fenstern, wie sie für britische Kirchen im Mittelalter typisch sind, und einem kurzen Glockenturm. Die einzigen Bewohner, die es länger auf Inner Farne ausgehalten haben, waren Heilige. Sankt Aidan war der Erste, der sich in die Einsamkeit der Farne Islands zurückzog. Ein Mönch, wahrscheinlich in Irland geboren, der die Menschen in Northumbria zum Christentum bekehrte. Danach kam Sankt Cuthbert, ein Schotte, von dem es hieß, seine Gebete könnten Stürme besänftigen und Kranke heilen. Er baute sich auf Inner Farne ein Grubenhaus und lebte dort acht Jahre lang. Nach ihm ist das Kirchlein benannt. Auf Cuthbert folgte Sankt Æthelwald, der Kraft seiner Gebete einen Schiffsuntergang verhindert haben soll.

Das ist das Zweite, wofür die Farne Islands bekannt sind. Oder besser, gefürchtet. Havarien, Schiffsuntergänge. Niemand weiß, wie viele Wracks in diesen Gewässern liegen. Wer an der englischen Ostküste von Süden nach Norden wollte oder retour, musste an diesem

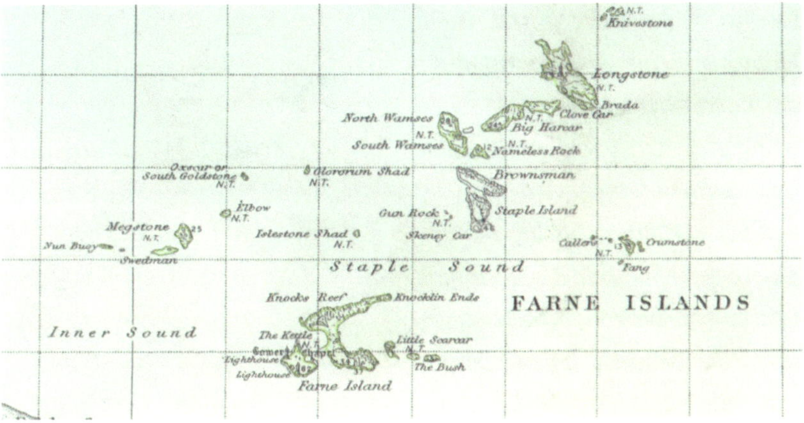

Farne Islands Karte von 1947

Archipel und seinen vielen Riffen vorbei. Und beten, dass kein Unwetter dazwischenkam und das Schiff vom Kurs abdrängte. In der Kapelle steht eine Tafel, die an eine besondere Heldentat erinnert: »To the Memory of Grace Horsely Darling«. Grace war die Tochter des Leuchtturmwärters von Longstone auf Outer Farne. Am 7. September 1838 beobachtete die 22-Jährige vom Turm, wie der Raddampfer »SS Forfarshire« im Sturm auf die Klippen der Insel krachte. Mit dem Ruderboot kämpften sich Vater William Darling und seine Tochter raus zum Wrack und retteten neun Menschen. Auch Grace wird in Northumberland verehrt wie eine Heilige.

Wir gehen im Uhrzeigersinn um die Insel. Ein Weg führt oben an den Klippen entlang, teilweise auf Planken, denn die Stiefel der Besucher sollen nicht in die Höhlen der Papageitaucher trampeln. Der putzige Vogel mit dem bunten Schnabel baut keine Nester, er gräbt sich eine unterirdische Behausung. Mit dem Schnabel hackt er, mit den Füßen schaufelt er. Bis zu anderthalb Meter tief bohrt sich der Papagei-

taucher in den Untergrund. Die Höhle ist seine Behausung für die kurze Brutzeit. Zwei Monate hält es der Vogel an Land aus, dann muss er wieder raus auf See. Er fängt Fische, Sandaale, Sprotten, Lodden, Heringe und taucht bis zu 40 Meter tief, um seine Beute zu holen. Zehntausende sind jetzt gerade auf der Insel. Sie liefern den Bass des Kreischkonzerts, ein kehliges, manchmal quengeliges Knurren, das wir auf jedem Meter unseres Rundgangs hören.

Papageientaucher

Man hatte uns vorher gewarnt. Mützen oder Kappen tragen, unbedingt. Und Ölzeug. Nicht weil das Wetter garstig sein kann, das ist es oft. Sondern weil die Küstenseeschwalben auf der Insel berüchtigt dafür sind, ihre Nester aggressiv zu verteidigen. Es sind keine großen Vögel, ihre Spannweite misst um die 70 Zentimeter. Sie sind weiß, bis auf das graue Deckgefieder und eine schwarze Haube auf dem Kopf. Küstenseeschwalben sind Zugvögel, die nur zum Brüten in den hohen Norden kommen; bewundert werden sie für die weiten Entfernungen, die sie dabei zurücklegen. Denn wenn auf der Nordhalbkugel Winter ist, fliegen sie in die Antarktis. Weiter geht nicht.

Uns kommen Wanderer aus dem Revier der Schwalben entgegen. Wir erkennen sofort die Stoiker unter den Besucherinnen und Besuchern, die ihre mit Exkrementen verschmutzten Kapuzen und Mützen in Würde tragen. Andere versuchen sich zu schützen, indem sie immer eine Hand über den Kopf halten oder in einer Bewegung wie ein Scheibenwischer vor und zurück über den Schädel fahren, was sehr komisch aussieht – sich jedoch in den meisten Fällen als völlig wirkungslos erweist. Aber mir vergeht das Lachen, als wir selbst in die Reichweite der Küstenseeschwalben geraten. Denn ich habe meine Tochter Ella in einer Trage auf dem Rücken. Ungeschützt. Jetzt mache ich den Wischer über ihrem Kopf. Zweimal spüre ich einen scharfen Schnabel im Handrücken, mehrmals streicht ein Flügelschlag direkt über meinen Kopf. Trotzdem schaffen wir es unbekleckert durch die Zone der intensiven Luftangriffe.

Die Vögel haben ja recht: Wir haben hier nichts zu suchen, oder? Das ist euer Revier. Andererseits müsst ihr euch auch nicht so anstellen, wir sind ja gleich wieder weg. Wir möchten hier nur noch einen Moment auf den Felsen sitzen und über die Nordsee schauen. Unsere Blicke schweifen. Das Kirchlein der Einsiedler. Der weiße Leuchtturm. Schwarzer Fels, Vulkangestein. Tang und Robben. Knurrende Papageitaucher und kreischende Seeschwalben, Möwen und Kormorane, Tordalke und Trottellummen. Krähenscharben und Eiderenten. Und weiße Kämme auf düstergrauen Wellen, bis zum Horizont.

Doch, wir haben hier etwas zu suchen, und ich denke, wir haben es auch gefunden. Gleich gehen wir wieder und lassen euch allein. Euch und die Nordsee.

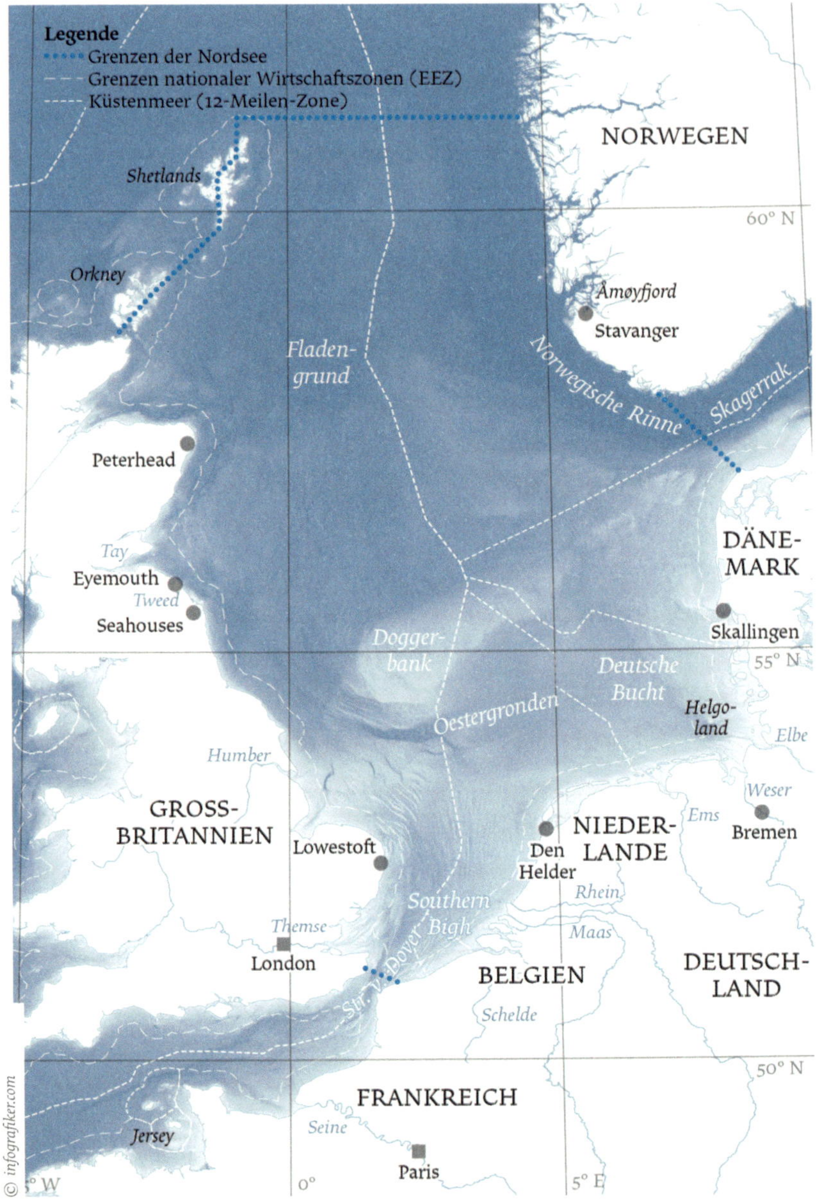
Legende
Grenzen der Nordsee
Grenzen nationaler Wirtschaftszonen (EEZ)
Küstenmeer (12-Meilen-Zone)
NORWEGEN
Shetlands
60° N
Orkney
Åmøyfjord
Stavanger
Fladen-
grund
Norwegische Rinne
Skagerrak
Peterhead
DÄNE-
MARK
Tay
Eyemouth
Tweed
Seahouses
Skallingen
Dogger-
bank
55° N
Deutsche
Bucht
Helgo-
land
Oestergronden
Elbe
Humber
Weser
GROSS-
BRITANNIEN
Ems
NIEDER-
LANDE
Bremen
Lowestoft
Den
Helder
Rhein
Southern
Bigh
Themse
Maas
London
DEUTSCH-
LAND
BELGIEN
Str. v. Dover
Schelde
50° N
FRANKREICH
Jersey
Seine
Paris
© infografiker.com
5° W
0°
5° E

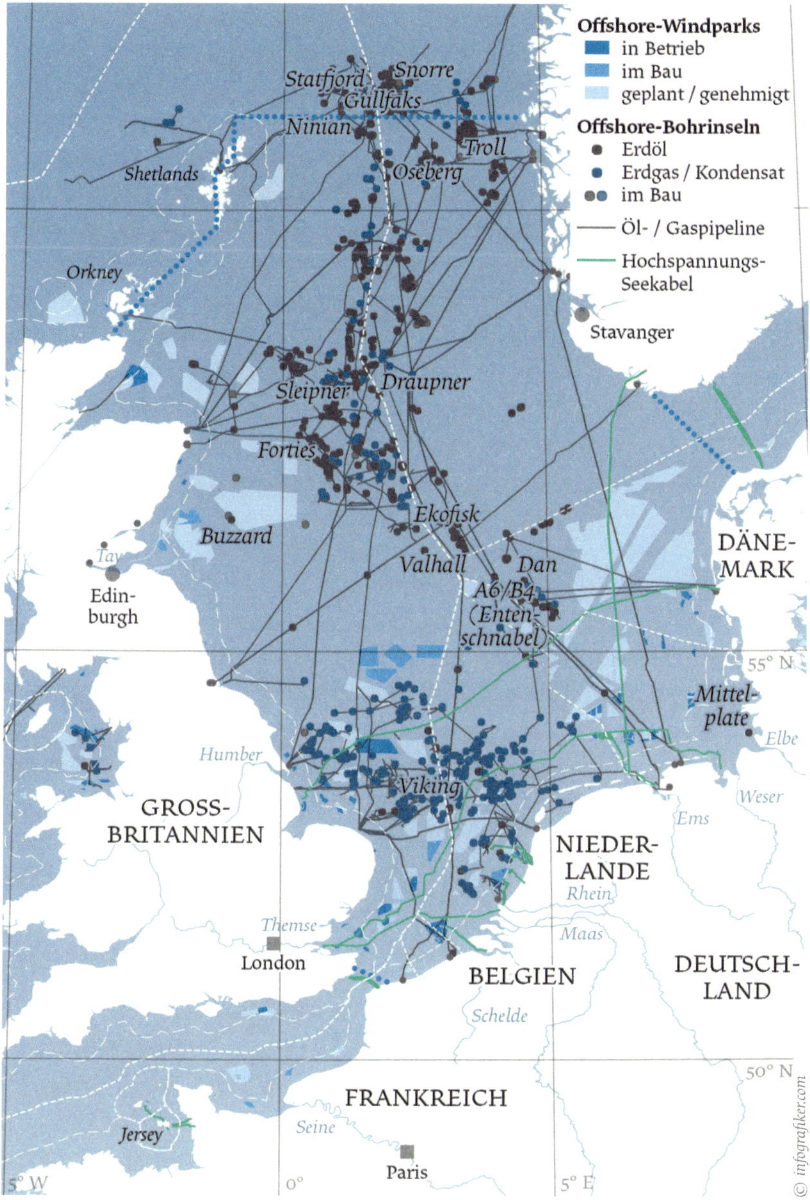
Offshore-Windparks
in Betrieb
im Bau
geplant / genehmigt
Offshore-Bohrinseln
Erdöl
Erdgas / Kondensat
im Bau
Öl- / Gaspipeline
Hochspannungs-Seekabel
Statfjord
Snorre
Gullfaks
Ninian
Troll
Oseberg
Shetlands
Orkney
Stavanger
Sleipner
Draupner
Forties
Ekofisk
Buzzard
Valhall
Dan
A6/B4 (Entenschnabel)
Tay
Edinburgh
DÄNEMARK
55° N
Mittelplate
Elbe
Humber
Viking
Weser
Ems
GROSSBRITANNIEN
NIEDERLANDE
Rhein
Themse
Maas
London
BELGIEN
DEUTSCHLAND
Schelde
50° N
FRANKREICH
Seine
Jersey
Paris
5° W
0°
5° E
© infografiker.com

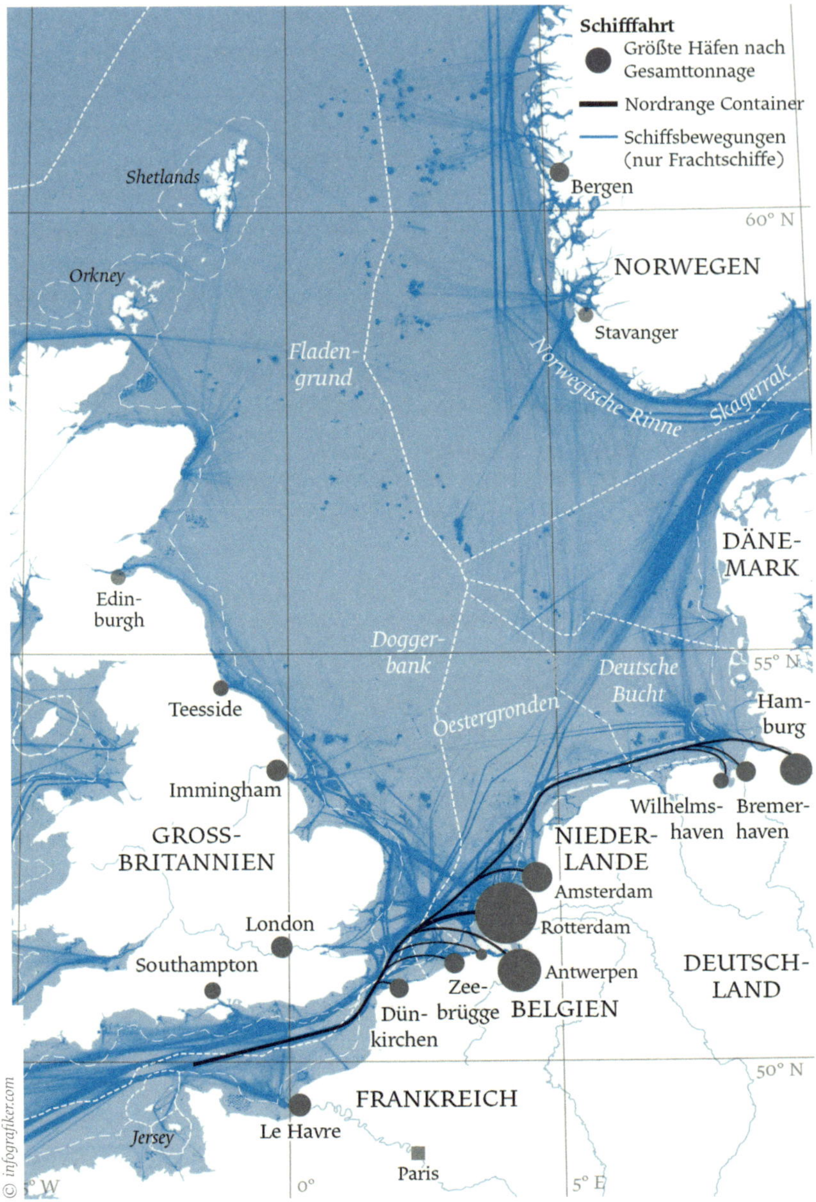

Schifffahrt
Größte Häfen nach Gesamttonnage
Nordrange Container
Schiffsbewegungen (nur Frachtschiffe)
Shetlands
Orkney
Bergen
60° N
NORWEGEN
Stavanger
Fladengrund
Norwegische Rinne
Skagerrak
DÄNEMARK
Edinburgh
Doggerbank
Deutsche Bucht
55° N
Teesside
Oestergronden
Hamburg
Immingham
Wilhelmshaven
Bremerhaven
GROSSBRITANNIEN
NIEDERLANDE
Amsterdam
Rotterdam
London
Southampton
Antwerpen
DEUTSCHLAND
Zeebrügge
Dünkirchen
BELGIEN
50° N
FRANKREICH
Le Havre
Jersey
Paris
5° W
0°
5° E
© infografiker.com

QUELLEN

Thomas Mann: Über mich selbst. Autobiographische Schriften. Frankfurt a. M. 1994.

Nordsee allgemein

Tom Blass: The Naked Shore. London 2017.

Richard Pott: Die Nordsee – eine Natur- und Kulturgeschichte. München 2003.

Michael Pye: Am Rand der Welt. Eine Geschichte der Nordsee und der Anfänge Europas. Frankfurt a. M. 2017.

Doggerland

Axel Bojanowski: Tsunami-Katastrophe im Steinzeitparadies. SPIEGEL.de, 13.01.2015.

Alexander Freund: Doggerland: Wie versank das Atlantis der Nordsee? DW.com, 27.11.2020.

B. G. Nichols: Lost British Landscapes. Unofficialbritain.com, 10.05.2017.

Ute Kehse: Die Geheimnisse der Silbergrube. Wissenschaft.de, 19.03.2005.

Jörg Römer: Der versunkene Archipel in der Nordsee. SPIEGEL.de, 02.12.2020.

Wattenmeer

Axel Bojanowski: Deutschland kippt. SPIEGEL.de, 07.05.2015.

Axel Bojanowski: Die schnellste Insel der Welt. SPIEGEL.de, 29.06.2017.

Niedersächsischer Landesbetrieb für Wasserwirtschaft, Küsten- und Naturschutz: Kachelotplate und Memmert wachsen langsam zusammen. Nlwkn.niedersachsen.de, zuletzt aktualisiert am 30.01.2017.

Karsten Reise: Das Watt. Hamburg 2021.

Petra Wochnik: Atlantis in der Nordsee: Von Geburt und Untergang der Ostfriesischen Inseln. Ostfrieslandreloaded.de am 25.07.2018.

Rungholt

Karen Andresen: Spuk im Watt. In: SPIEGEL 3/2006.

Levke Heed, Jochen Lambernd: Rungholt: Mythos über Nordfrieslands ›Atlantis der Nordsee‹. NDR.de, 01.06.2023.

Guido Kleinhubbert: Geheimnisse im Schlick. In: SPIEGEL 31/2023.
Matthias Schulz: Götterträinen im Watt. In: SPIEGEL 49/2006.
Theodor Storm: Eine Halligfahrt. 1871.
DER SPIEGEL: Schlacht im Schlick. In: SPIEGEL 51/1994.
Zweite Marcellusflut. In: wikipedia.de, zuletzt aktualisiert am 23.06.2023.

Schelfmeer

Lighthouse Foundation: Die Schelfmeere vor der Küste. lighthouse-foundation.org/Die-Schelfmeere.html

Hering und Kabeljau

Flemming T. Dahlke: Klimaflüchtling Kabeljau. Idw-online.de am 28.11.2018.
Fischmagazin: EU-Fangquoten 2023: 60 Prozent mehr Kabeljau, Streit um Aalfangverbot. Fischmagazin.de am 14.12.2022.
Emma Greenard: A Brief History of Herring: It's Importance, Influences and How it Shaped our Town. In: Time and Tide Museum Blog. https://yarmouthmuseums.wordpress.com am 26.10.2020.
Mario Kaiser: Requiem für einen Fisch. SPIEGEL.de am 11.02.2005.
Mark Kurlansky: Cod: A Biography of the Fish That Changed the World. New York 1997.
Volker Matthies: Lob dem Hering – Kleiner Fisch ganz groß. Husum 2023.
Roman Neumann: Der Hering – Silber des Meeres. In: radioWissen, www.br.de am 15.12.2017.
Holger Teschke: Heringe – ein Porträt. Berlin 2014.
Thünen-Institut: Bestandsdatenblatt – Der Nordsee-Kabeljau. Fischbestaende-online.de
WESO GmbH: Fischlexikon, Atlantischer Kabeljau. Fischlexikon.eu
Klaus Walter: Dorsch-Bestand in Nord- und Ostsee gefährdet. WELT.de am 16.01.2001.
Hans-Peter Willig: Kabeljau. In: biologie-seite.de

Seerecht

International Hydrographic Organisation: The Limits of Oceans and Seas. Bremerhaven 1953.

Anja Kircher-Kannemann: Wem gehört das Meer? tour-de-kultur.de am 18.07.2018.
Norman Weiß (Hg.): Hugo Grotius: Mare Liberum. Zur Aktualität eines Klassikertextes. Potsdam 2009.

Gas und Öl

Deutsche Presseagentur: Brent-Ölfeld: Staaten streiten erneut um die Entsorgung von Bohrinseln. Meldung auf rnd.de am 03.01.2020.
Christoph Gunkel: Es war, als ob ich lebendig gekocht würde. SPIEGEL.de am 05.07.2013.
Christoph Gunkel: Besetzung der Brent Spar. Krieg in der Nordsee. SPIEGEL.de am 29.04.2010.
Frank Grotelüschen: Der Zusammenbruch der Sleipner-Plattform. Deutschlandfunk.de am 22.07.2008.
Daniela Gschweng: Ausgediente Nordsee-Bohrinseln sind eine Gefahr für die Umwelt. infosperber.ch am 07.01.2020.
Bill Mackie: The Oilmen – The North Sea Tigers. Edinburgh 2004.
Seite Nordseeöl. In: Wikipedia, zuletzt aktualisiert am 20.09.2023.
Seite Troll A. In: Wikipedia, zuletzt aktualisiert am 17.12.2023.
DER SPIEGEL: Hohe Erwartungen im »Entenschnabel«. SPIEGEL.de, 08.05.2001.
DER SPIEGEL: Versenkt die Shell. In: SPIEGEL 27/1995.
Benjamin Triebe: Die Nordsee verteidigt ihr letztes Erdöl. Nzz.ch, 02.08.2019.
Kathrin Witsch: Verlassene Bohrinseln in der Nordsee. Handelsblatt.com, 14.10.2019.

Carbon Capture and Storage

Sophie Donges: Dänemark startet CO2-Speicherung im Meer. Tagesschau.de, 08.03.2023.
Greenpeace: Scheinlösung CCS: CO2-Verpressung kann CO2-Reduktion nicht ersetzen. Greenpeace.de, 30.01.2024.
Umweltbundesamt: Carbon Capture and Storage. Umweltbundesamt.de, 23.05.2022.
Wintershall/Dea: CCS-Partnerschaft an der norddeutschen Grenze. wintershalldea.com

Helgoland
Franz Binot, Hans-Jürgen Brauner und Heinz-Gerd Röhling: Der Untergrund der deutschen Nordsee mit Helgoland. Helgoland 2010.
Helgoland Tourismus-Service: Geschichte der Badekultur. www.helgoland.de
Katja Iken: Hell-Go-Land! SPIEGEL.de, 18.04.2017.
Antonia Kleikamp: Als die Neujahrsflut Helgoland zerriss. WELT.de, 31.12.2020.
Martin Krieger: Die Geschichte Helgolands. Kiel/Hamburg 2015.
Dietrich Mohaupt: Helgoland: seit 125 Jahren deutsch – Die Insel und ein Mythos. Deutschlandfunk Kultur, 03.08.2015.

Verkehr
ARD: Offenbar fast 500 E-Autos auf brennendem Frachter. Tagesschau.de am 28.07.2023.
Deutsche Presseagentur: Brennender Frachter an neuem Ankerplatz angekommen. sueddeutsche.de am 31.07.2023.
Deutsche Presseagentur: IfW: Gravierender Containerschiff-Stau in der Nordsee. sueddeutsche.de, 06.09.2022.
European Regional Development Fund: Current shipping routes and maritime traffic. Viborg 2016.
Generaldirektion Wasserstraßen und Schifffahrt: Eintrag Nordsee. WSV.Bund.de
Kuno Krause, Barbara Schmid: Fast schon Sabotage. In: Spiegel 47/1998.
NDR: Havarierter Frachter im Hafen – Gefahr fürs Wattenmeer gebannt. NDR.de, 04.08.2023.
Umweltbundesamt: Eintrag Seeschifffahrt. umweltbundesamt.de, 16.03.2023.

Windenergie
Bundesministerium für Wirtschaft und Klimaschutz: 30 Gigawatt bis 2030: BSH veröffentlicht Flächenentwicklungsplan zum Ausbau der Offshore-Windenergie. Pressemitteilung auf BMWK.de am 20.01.2023.
Claus Hecking et al.: Offshore-Parks in der Krise: Windjammer. In: SPIEGEL 40/2023.

Claus Hecking et al.: So soll die Nordsee zum größten Kraftwerk der Welt werden. In: SPIEGEL 30/2023.
IWR: Orkan- und Sturmtiefs sorgen für viel Windstrom und niedrige Strompreise. Iwr.de, 18.02.2022.
Carsten Rauterberg: Studie: Offshore-Windparks gefährden Schweinswal-Population. NDR.de, 29.07.2023.
Harff-Peter Schönherr: Was Windparks mit dem Meer machen. Taz.de, 08.03.2022.
Seite Geschichte der Windenergienutzung. In: Wikipedia, zuletzt aktualisiert am 08.09.2023.
Umweltbundesamt: Entwicklung von Rückbau- und Recyclingstandards für Rotorblätter. August 2022.

Besondere Empfehlung – Große literarische Bücher über die Nordsee

Erskine Childers: Das Rätsel der Sandbank. Übersetzt von Hubert Deymann. Diogenes, Zürich 1975. Der Originaltitel erschien 1903.
Heinrich Heine: Die Nordsee – Reisebilder, zweiter Teil. Hamburg 1827.
Siegfried Lenz: Das Feuerschiff. Hamburg 1960.
George Simenon: Der Passagier der Polarlys. Übersetzt von Stefanie Weiss. Diogenes, Zürich 1991. Der Originaltitel erschien 1932.
Bram Stoker: Dracula. Übersetzt von Andreas Nohl. Steidl, Göttingen 2012. Der Originaltitel erschien 1971.

RANDMEERORTE – EMPFEHLUNGEN DES AUTORS

Helgoland

Steht nicht von ungefähr oben auf meiner Liste: Helgoland wird auch gern die »einzige deutsche Hochseeinsel« genannt. Man ist wirklich *auf* der Nordsee und steht nicht nur *an* ihrem Ufer. Das ist ein Unterschied, den man sehen kann – das Wasser ist blau, nicht schlickbraun. Wenn ich auf Helgoland bin, gehe ich jedes Mal den Klippenrandweg auf dem Oberland zur Langen Anna und schaue auch bei den Basstölpeln vorbei, die an der Felskante nisten und so elegant vor den hohen Wänden segeln. Wenn mein Blick dann in Richtung Horizont schweift, sehe ich, wie die Perlen auf der Kette, die Schiffe auf dem Hauptfahrwasser nach Hamburg. Auf der anderen Seite der Insel liegt die Zukunft unserer Energieversorgung: die Rotoren des Meerwind-Parks. Wer sich den aus der Nähe ansehen möchte, kann eine Tour auf dem »Halunder Jet« buchen. Der Katamaran, der Tagesgäste aus Hamburg nach Helgoland bringt, hat den Windpark als Ausflugsziel im Programm.

(Die sehr schön gebaute offizielle Webseite der Insel. PR natürlich, aber gut gemacht, gute Infos, sogar Stellenangebote sind dabei …)

(Das Angebot mit dem Windpark-Abstecher, schöne Alternative zum Helgoland-Link)

Tönning und das Wattenmeer

Der kleine Hafen am Nordufer der Eidermündung in Nordfriesland hat eine bewegte Geschichte. Kaufleute prägten die Stadt, Fischer, Schiffbauer,

Schmuggler – und vor allem die Einwanderer, die im 17. Jahrhundert aus den Niederlanden kamen. Leider hinterließen diverse Kriege und Invasoren ihre Spuren, von den alten Schifferhäusern ist wenig erhalten, Schloss und Festung wurden vom Feind geschleift. Mein Grund, nach Tönning zu fahren, ist vor allem das Multimar-Wattforum, sozusagen der Brückenkopf des Nationalparks Wattenmeer an Land. Der Besucher steht staunend vor großen Aquarien, in denen die Bewohner der Nordsee schwimmen und krabbeln. Neueste Errungenschaft des Wattforums: ein 2000 Quadratmeter großes Gehege mit Teich und Wasserläufen, die von drei Ottern bewohnt werden. Noch mehr zu den Wattgebieten in Deutschland, den Niederlanden und Dänemark findet man hier:

Hallig Hooge

Bleiben wir noch einen Moment in Nordfriesland. Es muss nicht Hooge sein, eine Reise zu den anderen sechs bewohnten Halligen – Langneß, Gröde, Oland, Nordstrandischmoor, Süderoog und Südfall – bringt denselben Erkenntniswert: Nirgendwo sind Menschen der Nordsee in einem Maße ausgesetzt wie auf diesen kleinen, flachen Marschinseln. Bei einem normalen Hochwasser ragen sie noch etwa einen Meter über den Meeresspiegel hinaus. Über die Flora der Halligen heißt es nicht umsonst: salzwasserresistent. Denn wenn Sturm die Flut zu einem höheren Wasserstand aufpeitscht, ist auf den Inseln landunter. Dann gucken nur noch die Häuser auf ihren Warften aus dem Wasser heraus. Wie sich die Halligen gegen Klimawandel und Anstieg des Meeresspiegels wappnen? Es bleibt den Bewohnern wohl nur die »Aufwarftung« – die Erhöhung der Erdhügel, auf denen ihre Häuser stehen.

Utsira

Ein winziger Flecken nur, ein Felsen im Meer, aber seit ich segele, höre ich den Namen in den Vorhersagen des Deutschen Wetterdienstes. Utsira spendet mir meistens Trost im Vergleich: Denn dort ist es meistens noch ungemütlicher als an dem Ort, an dem ich mich gerade befinde. Die Ansage für heute, als Beispiel: »Südöstliche Winde um fünf, Nordteil etwas zunehmend, sonst zunehmend acht bis neun und Orkanböen, zeitweise diesig, See zunehmend drei, Südteil sechs Meter.« Sechs Meter hohe Wellen… Als die Wetterprognosen einmal günstiger waren, bin ich vor ein paar Jahren tatsächlich hingesegelt. Utsira ist wunderschön! Und die kleinste Gemeinde Norwegens, 200 Einwohner nennen diese Insel ihre Heimat, die zu den exponiertesten Orten der Nordsee zählt. Weltruhm erlangte Utsira kurzzeitig mit einem Energie-Experiment: Von 2004 bis 2007 wurden Haushalte der Insel nur mit Strom aus eigener Windenergie versorgt. Mit überschüssigem Strom erzeugte die Testanlage Wasserstoff, der an Flautentagen eine Brennstoffzelle betrieb. (Webseite des Deutschlandfunks mit fünf Reportagen über das Leben auf der Insel.

Farne Island

Bei uns hat die gesamte Familie ein Herz für Papageitaucher (wer bitte nicht?), und als wir nach einem Ort suchten, wo wir sie in ihrem Habitat besuchen konnten, entdeckten wir die Farne Islands. Winzige Inselchen – 20 bei Ebbe, 15 bei Flut – vor der Küste von Northumberland im Nordosten Englands. Es gibt außer Kegelrobben, Wildkaninchen und Zehntausenden Seevögeln keine Bewohner. Der legendäre britische Tierfilmer Sir David Attenborough hat das Reich der Papageitaucher einmal als seinen »liebsten

Ort, um Natur zu sehen« bezeichnet. Well, es gibt wahrscheinlich noch Dutzende andere Paradiese, die sich mit einem solchen oder ähnlichen Lob des Naturforschers schmücken können, er ist bekanntlich weit herumgekommen. Aber wer einmal auf den Farne Islands war, wird ihm unbedingt zustimmen. Es ist einfach großartige Nordsee-Kulisse.
(Einer der touristischen Links, aber es flattert einem gleich ein Papageitaucher über den Monitor ...)

Stavanger

Als Reporter war ich einmal auf einer Bohrinsel: auf North Alwyn, fast am nördlichen Rand der Nordsee, ein abenteuerlicher Flug bei Starkwind im Helikopter. Ein Tourist darf da nie hin, viel zu gefährlich. Aber in der norwegischen Hafenstadt Stavanger bekommt man schon einen starken Eindruck, wie das Leben und Arbeiten auf einer solchen künstlichen Insel war – im Ölmuseum. Es hat sich zur Aufgabe gemacht, die Geschichte der Exploration und Förderung zu erzählen. Schandtaten des fossilen Zeitalters, klar, heute weiß man das, es ist selbstverständlich ein Thema der Ausstellungen. Doch Erdöl war einmal der Treibstoff der Weltwirtschaft, und die Männer und Frauen, die das Zeug aus dem Untergrund der Nordsee holten, haben einen unglaublichen Job gemacht und dieses Denkmal verdient. Das Öl hat Norwegen zu einem der reichsten Länder der Welt gemacht. Auch das erzählt das Haus in Stavanger, das selbst ein wenig wie eine Bohrinsel aussieht: wie das Öl eine Gesellschaft verändert.

OLAF KANTER

ist hauptberuflich Nachrichtenjournalist: Als Chef vom Dienst leitet er den Newsroom von SPIEGEL.de. Im Schichtdienst rund um die Uhr liefert er den Lesern, was wichtig und aufregend ist auf unserem Planeten.

Ihn persönlich fasziniert alles, was mit der Seefahrt zu tun hat. Hierzu hat er neben journalistischen Beiträgen auch einige Bücher veröffentlicht.

Bevor er zum SPIEGEL kam, reiste und schrieb er für »mare«, das Magazin der Meere. Seine Reportagen führten ihn an Bord eines deutschen U-Boots, auf eine Bohrinsel und ein riesiges Fischfabrikschiff. Seine wildeste Begegnung mit der Nordsee: am Pentland Firth, der Meerenge zwischen Schottland und den Orkneys mit ihrem reißenden Tidenstrom. Es blies so hart, dass die Wasserfälle an der Klippenkante in den Himmel wehten.

Mehr als 20 Jahre lang segelte er mit seinem 8,70 Meter langen Küstenkreuzer »Bijou« auf Elbe und Nordsee. Die Ostsee hat er in einem langen, mehrmonatigen Törn fast ganz umrundet. Im vergangenen Jahr hat er ein klassisches Holzboot gekauft. Ein robustes Fährt-überall-hin-Schiff, mit dem er in den nächsten Jahren zu eigenen Forschungsreisen in die ferner gelegenen Gewässer des atlantischen Randmeers vorstoßen will.

DANK DES VERLAGES

Für die EUROPEAN ESSAYS arbeiten wir in der Bebilderung mit Bildenden Künstlerinnen und Künstlern zusammen.

Insbesondere mit RÜDIGER TILLMANN, von ihm stammen die akribischen Federzeichnungen im Vor- und Nachsatz dieses Buches sowie Tuschen und Kreiden. Mehr von ihm findet man hier: www.derwaldrauscht.de

Rüdiger Tillmann

Die genauen, gezeichneten Porträts der Autorinnen und Autoren der Serie stammen von ANIKA TAKAGI.

Zur Gestaltung der Reihe gehören immer auch die Karten von MARKUS KLUGER. Die Geodaten hierfür wurden aus dem EMODnet der Europäischen Kommission abgerufen. Als weitere Quellen dienten das ETOPO der NOAA, ODIMS der OSPAR Commission und Eurostat.

Die weiteren Copyrights sind bei den jeweiligen Abbildungen verzeichnet. Wir danken für die Genehmigungen.

WO WIR LEBEN

Landschaften und Naturphänomene in Europa. Beschrieben in ihrer Eigentümlichkeit. Berichtet wird davon, was die jeweilige Landschaft ausmacht, was sie war, was sie ist, was sie wird. Die Autorinnen und Autoren haben freies Spiel, ihr persönlicher Zugang zur jeweiligen Landschaft bestimmt und führt den Text. Die Essays verleiten zum eigenen Naturerleben und -erforschen.

Die Bücher dieser Reihe erscheinen im Verbund mit Kolleginnen und Kollegen in Europa.

»Eine neue Buchreihe macht Lust auf deutsche und europäische Naturlandschaften. Man lernt, man staunt, lässt sich begeistern.«
Süddeutsche Zeitung

»Die reichhaltige und notwendig Reihe EUROPEAN ESSAYS ON NATURE AND LANDSCAPE. – Jeder Band lässt eine eigene Handschrift erkennen, in jedem trifft sich eine gründliche Recherche mit persönlichem Erleben. – Die Fotografien sind atemberaubend, so dass man auf der Stelle in den Himmel schauen möchte. Oder wandern. Oder Wellen beobachten. Oder über die Heide laufen. Oder …«
Frankfurter Rundschau

»Eine neue ambitionierte und wunderbar gestaltete Reihe.«
Welt am Sonntag

»Von Begeisterung getragen und ausgesprochen lehrreich.«
Märkische Oderzeitung

»Ein Perspektivwechsel in der Landschaftswahrnehmung.«
Natur und Landschaft

europeanessays.eu